U0173216

3ds Max/VRay 室内效果图表现与项目实战

主　编　陈　晨
副主编　李　如　索晓东
参　编　李　亮

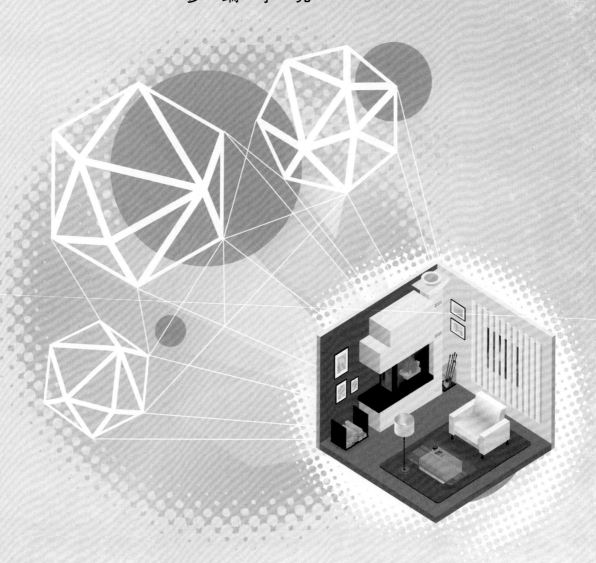

北京理工大学出版社
BEIJING INSTITUTE OF TECHNOLOGY PRESS

内容提要

本书共分情境教学篇和项目训练篇两篇。情境教学篇将效果图表现基础知识以工作任务的形式呈现，包含7个学习情境：概述、3ds Max基础知识、模型创建、效果图材质表现、效果图灯光表现、效果图构图与摄影机设置、效果图渲染设置，系统讲述效果图表现的各项知识与技能，内容紧密结合职业岗位的工作要求。项目训练篇是企业真实项目案例与"1+X"数字创意建模职业技能等级证书考试实操题的实战，包含3个项目训练：现代风格效果图表现、简欧风格效果图表现及轻奢风格效果图表现。

本书可作为高等院校建筑室内设计、室内艺术设计等专业的教材，也可作为相关从业人员的参考用书。

版权专有　侵权必究

图书在版编目（CIP）数据

3ds Max/VRay室内效果图表现与项目实战 / 陈晨主编.－－北京：北京理工大学出版社，2024.1
ISBN 978-7-5763-3406-7

Ⅰ.①3… Ⅱ.①陈… Ⅲ.①室内装饰设计－计算机辅助设计－三维动画软件－高等学校－教材　Ⅳ.①TU238-39

中国国家版本馆CIP数据核字（2024）第020580号

责任编辑：钟　博		**文案编辑**：钟　博	
责任校对：周瑞红		**责任印制**：王美丽	

出版发行 /	北京理工大学出版社有限责任公司
社　　址 /	北京市丰台区四合庄路6号
邮　　编 /	100070
电　　话 /	(010) 68914026（教材售后服务热线）
	(010) 68944437（课件资源服务热线）
网　　址 /	http://www.bitpress.com.cn
版印次 /	2024年1月第1版第1次印刷
印　　刷 /	河北鑫彩博图印刷有限公司
开　　本 /	889 mm × 1194 mm　1/16
印　　张 /	11.5
字　　数 /	320千字
定　　价 /	98.00元

图书出现印装质量问题，请拨打售后服务热线，负责调换

前言 PREFACE ·· ◎

　　室内效果图是效果图从业人员借助三维软件等制图工具，通过对室内空间结构、色彩搭配以及质感表现，向客户呈现设计师设计意图的一种方式。室内效果图以其直观、形象的特点，大大提高了设计的签单率。

　　本书的编写以工学结合为基点、以工作过程为导向、以典型工作任务为载体，采取工作过程系统化的结构体系，全面、系统地介绍了使用3ds Max、VRay以及Photoshop等制图工具进行室内效果图表现的方法及技巧。本书共分两篇：情境教学篇和项目训练篇。情境教学篇将效果图表现的基础以工作任务的形式呈现，包含7个学习情境：概述、3ds Max基础知识、模型创建、效果图材质表现、效果图灯光表现、效果图构图与摄影机设置、效果图渲染设置，系统讲述效果图表现所要掌握的各项知识与技能，内容紧密结合职业岗位的工作内容；项目训练篇是不同风格项目案例与1+X数字创意建模技能等级证书考试实操题的实战，包含3个项目训练：现代风格效果图表现、简欧风格效果图表现以及轻奢风格效果图表现。

　　在本书编写过程中，编者在深入学习、深刻领会党的二十大精神的基础上，根据室内效果图表现这一专业课程内容，将党的二十大报告中"传承和弘扬中华优秀传统文化"这一精神融入书中。在书中引入中国传统文化内容，能够潜移默化地拓展知识面，加深对中国传统技艺的了解和认识，增强文化自信，自觉传承与传播我国优秀传统文化。为提升学生的职业素养，本书设置职业素养提升栏目，以激励学生将个人成长融入中华民族伟大复兴的中国梦中。

　　本书配有丰富的微课视频资源，读者通过手机等移动设备扫描二维码便可学习相关内容。与此同时，本书还提供了电子素材等，以使读者更高效地学习。本书所使用的素材可在线下载，扫描"电子素材"二维码即可获得下载方式。本书配套校级精品在线开放课程，参见网址：http://mooc1.chaoxing.com/course-ans/courseportal/mobile/protal?courseId=211056213&clazzId=0。

　　本书由江西应用技术职业学院陈晨担任主编，由江西应用技术职业学院李如、索晓东担任副主编，赣州三星装饰设计工程有限公司李亮参与编写。

　　本书在编写过程中参考了相关教材及网站资料，在此一并表示由衷的感谢。由于编者水平有限，书中难免存在不妥之处，恳请广大读者批评指正，以便进一步改进和完善。

电子素材

编　者

目录 CONTENTS ●

第一篇　情境教学篇

第二篇　项目训练篇

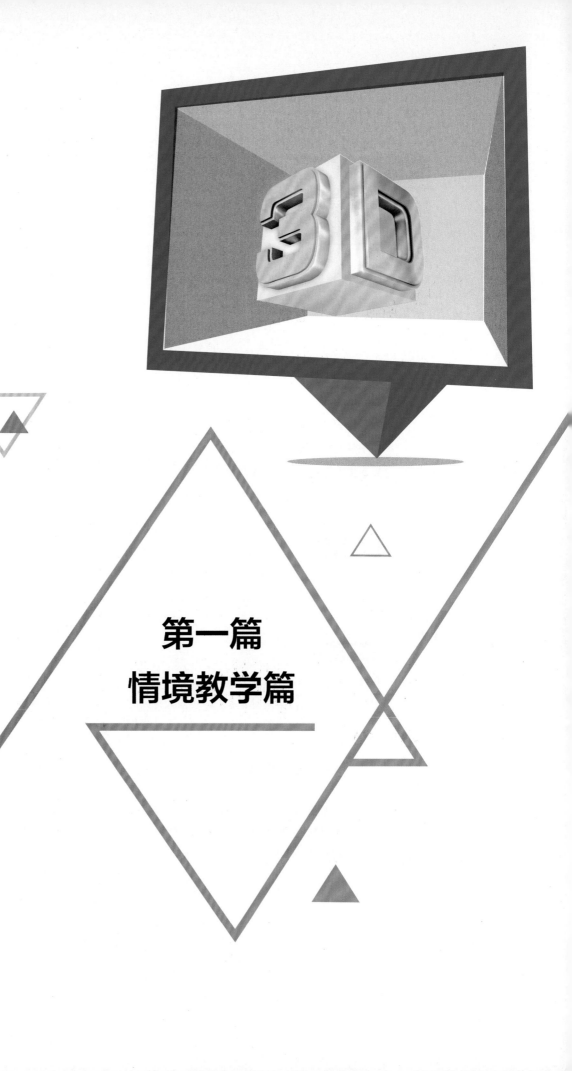

第一篇
情境教学篇

学习情境1 概述

知识目标

1. 了解室内效果图的表现流程。

2. 了解室内效果图的制作工具。

3. 掌握市场室内效果图表现的完整工作流程。

4. 全面了解市场主流绘图软件。

能力目标

1. 能够独立完成 3ds Max 与 VRay 的安装与注册。

2. 能够独立完成 Photoshop 的安装与注册。

素养目标

1. 建立职业规划，树立学习自信。

2. "工欲善其事，必先利其器"，在融入传统文化的同时，培养细致、严谨的工作态度。

　　室内效果图是效果图从业人员利用专业的三维设计软件通过对室内空间结构、色彩搭配以及质感表现，向客户呈现设计师设计意图的一种方式。在室内设计中，效果图能够直观、形象地将设计效果提前展现在客户眼前，使其明确最终的装修效果，可大大提高设计从业人员的签单率。图 1-1-1 所示为校企合作单位——某装饰公司项目效果图，图 1-1-2 所示为"1+X"数字创意建模职业技能等级证书考试模拟题效果图。

图 1-1-1　校企合作单位——某装饰公司项目效果图

图 1-1-2　"1+X"数字创意建模职业技能等级证书考试模拟题效果图

1.1　3ds Max /VRay 效果图表现的流程

室内效果图的一般制作流程，即方案沟通→模型创建→确定构图→材质与灯光设置→渲染出图→后期处理，如图 1-1-3 所示。

效果图表现流程

图 1-1-3　室内效果图制作流程

视频：3ds Max/VRay
效果图表现概述

1. 方案沟通

方案沟通阶段要求效果图绘图人员能够读懂设计图纸，搞清设计意图。通过与设计师的交流沟通明确设计方案的空间结构、空间所使用的主要材质，以及空间色彩搭配等。

2. 模型创建

效果图绘图人员在明确设计方案的基础上，将根据设计图纸在 3ds Max 中进行室内空间的场景建模工作：首先创建墙体、地面、吊顶等框架模型，其次创建背景墙造型、柜体等模型，最后将软装模型等素材资源导入场景，使整个场景显得更为生动逼真。

3. 确定构图

场景建模完成后，需要根据设计师的特定要求或空间具体情况，进行构图，即在场景中加入相机，并通过调整相机的参数和角度以确定效果图的最终构图。

4. 材质设置

材质是指物体的本质特性，即物体的外在颜色、外表纹理、反射程度、折射程度、透明度以及自身的粗糙度、光滑度等。在室内效果图的表现中我们会使用 VRay 材质对空间各物体进行材质设置。

5. 灯光设置

灯光设置就是在 3ds Max 场景中，为室内空间添加灯光，营造室内空间的光影效果和氛围。在室内效果图的表现中以日景和夜景的灯光表现居多，也有特殊的灯光氛围表现。

6. 渲染输出

室内效果图的渲染输出分为测试渲染和出图渲染两个阶段，效果图绘图人员会根据不同阶段进行参数的调整，以达到渲染速度和出图质量的平衡。

7. 后期处理

为使效果图画面表现出较好的明暗、色彩以及层次感，在 3ds Max 中渲染出来的效果图往往会导入 Photoshop 中进行后期处理，有时还会添加各种配饰使画面显得更为生动。

1.2　制作室内效果图的主要工具

任务 1　了解 3ds Max 在效果图表现中的作用

3D Studio Max 常简称为 3d Max 或 3ds Max，是 Discreet 公司开发的（后被 Autodesk 公司合并）基于 PC 系统的 3D 建模渲染和制作软件，被广泛应用于产品设计、工业造型设计、景观设计、建筑设计、影视动画、建筑动画等领域。

三维模型制作是效果图可视化表现的基础，3ds Max 强大的三维建模功能为建筑室内效果图的表现提供了便利的条件。只有三维空间模型被创建出来，材质和灯光氛围才有进一步表现的可能，从而最终呈现出设计师的设计意图。

在效果图表现中，模型分为三个部分：墙体框架模型（图 1-1-4）、硬装模型（吊顶建模、背景墙造型建模、柜体建模等）（图 1-1-5、图 1-1-6）、软装模型（家具、灯具、陈设、绿植、窗帘等）（图 1-1-7）。其中，墙体框架模型和硬装模型需要根据设计意图在 3ds Max 软件中进行创建，软装模型部分可利用网络素材资源合并导入场景中。

我们需要掌握 3ds Max 在室内效果图表现中常用的几种建模方法：基本体建模、二维图形建模、修改器建模、多边形建模。

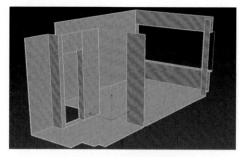

图 1-1-4　墙体框架模型

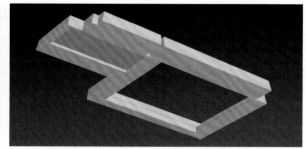

图 1-1-5　硬装模型（吊顶造型）

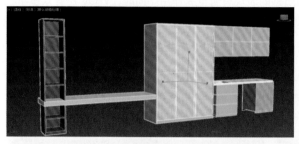

图 1-1-6　硬装模型（柜体）

图 1-1-7　软装模型（床、床头柜组合）

　　基本体建模就是利用 3ds Max 内置的模型，通过参数修改配合基本工具的使用组合成想要的模型（图 1-1-8）。二维图形建模是指通过对绘制好的二维图形添加修改器，从而将二维图形转换成三维物体，如图 1-1-9 所示就是将二维图形，通过添加基础修改器，转换成了立体的树形隔断。多边形建模是对物体的子级别进行编辑得到想要的模型（图 1-1-10）。

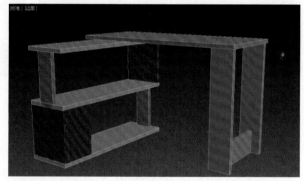

图 1-1-8　书桌建模

图 1-1-9　树形隔断建模

图 1-1-10　软包背景墙建模

任务 2 了解 VRay 效果图表现中的作用

VRay 是由 CHAOS GROUP 和 ASGVIS 公司出品的一款高质量渲染软件，VRay 支持 3d Max、Maya、SketchUp 等多个三维软件，是目前业界最受欢迎的渲染引擎之一，主要应用于室内外效果图渲染输出、展示设计、建筑设计、建筑动画漫游等多个领域。

VRay 在室内效果图表现中的运用主要体现在材质、灯光、渲染三个方面。

1. VRay 材质的应用

VRay 材质是 VRay 渲染器的专属材质，VRay 材质可以通过调整漫反射、反射、折射、凹凸等参数来呈现物体的各种质感，对于室内效果图质感的表现有着重要作用。同时，VRay 还有众多丰富的材质库可供使用，能够大大提高绘图人员的作图效率，如图 1-1-11 所示。

2. VRay 灯光的应用

VRay 灯光可以模拟真实世界中的光能传递效果，其参数调节非常方便，光影效果逼真。VRay 灯光包括 VRayLight、VRayIES、VRayAmbientLight 和 VraySun 4 种类型，可以轻松调节出天光、阳光、灯带、吊灯、筒灯、射灯、台灯、壁灯等光影效果，如图 1-1-12 所示。

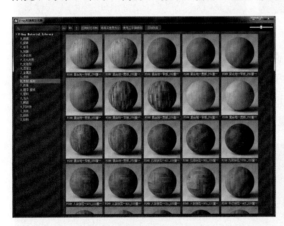

图 1-1-11　VRay 材质库　　　　　　　　图 1-1-12　VRay 灯光表现

3. VRay 渲染的应用

VRav 渲染器自身有很多的参数可供调节，在前期的测试阶段可以将参数降低以达到快速渲染的目的，测试完成后，再将参数提高，以获得高质量的大图。

任务 3 了解 Photoshop 在效果图表现中的作用

Adobe Photoshop，简称"PS"，是由 Adobe Systems 开发和发行的图像处理软件。PS 常应用于平面设计、广告摄影、网页设计、界面设计等领域。

PS 图像处理技术在建筑室内设计效果图后期制作中有非常重要的作用。通过 Photoshop，可以对效果图画面的亮度、色彩饱和度、明暗对比等进行调整，使画面表现出较好的层次感和明暗关系。此外，还可以通过 Photoshop 为效果图画面添加陈设品、绿植等配景，以使画面效果更为生动（图 1-1-13）。

图 1-1-13　效果图 PS 修改前后对比

情境小结

　　本情境主要介绍了室内效果图的表现流程和制作室内效果图的几个常用工具。制作一张高品质的室内效果图，除了要下载安装好以上工具软件，还应熟悉室内常用材质、装饰构造以及色彩搭配等，为后面的学习做好准备。

职业素养提升

　　"工欲善其事，必先利其器"——出自《论语·卫灵公》，意思是工匠想要把他的工作做好，一定要先让工具锋利。效果图从业人员要想做好室内效果图的表现工作，首先要把市场上主流的绘图软件安装好，养成细致、严谨的工作态度，初步建立职业规划，树立学习自信，只要开始，为时不晚。

　　室内效果图是效果图从业人员借助三维软件等制图工具，将设计师的意图以效果图的形式（将完工后的效果）提前展现出来的一种方式，这可大大提高设计师的签单率。作为效果图从业人员，要全面了解市场主流绘图软件及效果图的表现流程，对该行业的岗位要求等有清晰的认识。

学习情境2 | 3ds Max 基础知识

知识目标

1. 认识 3ds Max 的工作界面。
2. 了解室内效果图的制作工具。

能力目标

1. 能够学会 3ds Max 的基本视图操作。
2. 能够学会 3ds Max 常用工具的使用。

素养目标

养成良好的制图习惯及严谨的学习态度。

2.1 初识 3ds Max

任务1 启动 3ds Max

3ds Max 的启动方式有两种：一是直接双击桌面的快捷图标；二是执行【开始】【所有应用】【Autodesk 3ds Max 2016/Autodesk 3ds Max 2016 Simplified Chinese】命令。

任务2 认识 3ds Max 的工作界面

3ds Max 的工作界面包括标题栏、菜单栏、主工具栏、视口区域、场景资源管理器、命令面板、信息提示区、状态栏、时间尺、动画控件、视口导航按钮等，如图 1-2-1 所示。

图 1-2-1　3ds Max 2016 的工作界面

1. 标题栏

标题栏位于工作界面的最上方，包含软件图标、快速访问工具栏、软件版本信息和文件名称等，如图 1-2-2 所示。

图 1-2-2　标题栏

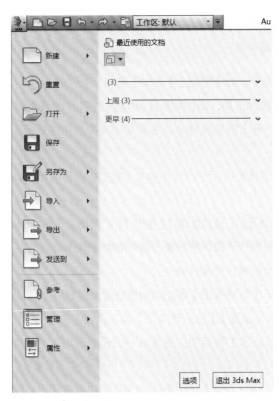

图 1-2-3　软件图标下拉菜单

（1）软件图标。【软件图标】的下拉菜单包含【新建】【重置】【打开】【保存】【另存为】【导入】【导出】【发送到】【参考】【管理】【属性】11 个命令，如图 1-2-3 所示。

（2）快速访问工具栏。【快速访问工具栏】包含【新建】【打开】【保存】【撤销场景操作】【重做场景操作】【设置项目文件夹】6 个快速访问工具，如图 1-2-4 所示。

图 1-2-4　快速访问工具栏

（3）软件版本信息和文件名称。当打开一个场景文件时，文件名称和软件版本信息会出现在标题栏的中间位置，如图 1-2-5 所示。

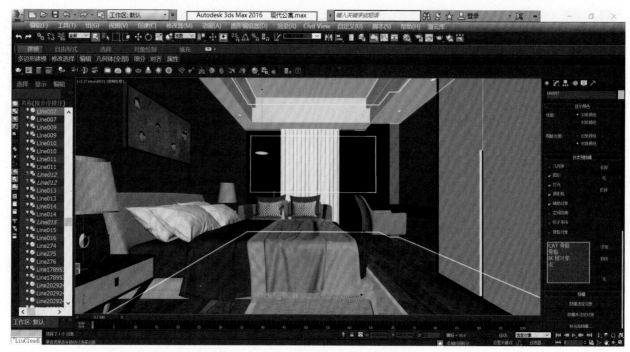

图 1-2-5 软件版本信息及文件名称

2. 菜单栏

菜单栏位于标题栏的下面，如图 1-2-6 所示，菜单栏包含 13 个菜单项，菜单栏的常用命令都集中在了主工具栏及命令面板中，实际制作中多通过主工具栏及命令面板来执行，以提高操作效率。

| 编辑(E) | 工具(T) | 组(G) | 视图(V) | 创建(C) | 修改器(M) | 动画(A) | 图形编辑器(D) | 渲染(R) | Civil View | 自定义(U) | 脚本(S) | 帮助(H) |

图 1-2-6 菜单栏

【编辑】菜单：【编辑】菜单包含诸多场景操作命令，如【撤销】【重做】等。

【工具】菜单：【工具】菜单包含多种常用的对象操作工具，如【镜像】【阵列】【对齐】【快照】等。

【组】菜单：【组】菜单包含【组】【解组】【打开】等常用命令，主要用于将多个物体进行成组为一个整体，需要单独编辑时可以打开组或解组。

【视图】菜单：【视图】菜单包含多种和视图显示相关的命令，常用的有【视口配置】和【视口背景】等。

【创建】菜单：【创建】菜单包含创建【标准基本体】【扩展基本体】【图形】【扩展图形】等命令。

【修改器】菜单：【修改器】菜单包含了修改器列表中可添加到对象上的所有命令。

【动画】菜单：【动画】菜单包含了【约束】等动画制作的相关命令。

【图形编辑器】菜单：【图形编辑器】菜单包含了【轨迹视图】等动画制作的相关命令。

【渲染】菜单：【渲染】菜单包含了【渲染】【渲染设置】【批处理渲染】等渲染相关的命令。

【Civil View】菜单：【Civil View】菜单是一款供土木工程师和交通运输基础设施规划人员使用的可视化工具。

【自定义】菜单：【自定义】菜单包含了【自定义用户界面】、【显示 UI】等用来更改用户界面的相关命令以及【单位设置】【首选项】等系统设置的相关命令。

【脚本】菜单：【脚本】菜单包含了【新建脚本】【打开脚本】【运行脚本】等可以进行脚本语言设计的相关命令。

【帮助】菜单：【帮助】菜单包含了【可用学习资源】【教程】【搜索 3dmax 命令】等功能。

3. 主工具栏

主工具栏位于主菜单栏下面，如图 1-2-7 所示。

图 1-2-7　主工具栏

从左到右依次为【撤销】【重做】工具，撤销工具快捷键为 Ctrl+Z，用于返回上一步操作，重做工具快捷键为 Ctrl+Y。

从左到右依次为【选择并链接】【断开当前选择链接】，用于制作物体间的链接。

【绑定到空间扭曲】用于将物体绑定到空间扭曲来制作动画。

从左到右依次为【选择过滤器】【选择对象】【按名称选择】【选择区域】【窗口 / 交叉】，这是 3ds Max 中用来选择物体的几种方式。

从左到右依次为【选择并移动】【选择并旋转】【选择并缩放】，这三种是最常用的变换工具，可分别对物体进行移动、旋转和缩放等变换。

【参考坐标系】用来设置物体的坐标体系。

【使用轴点中心】用来设置物体的轴点中心。

从左到右依次为【捕捉开关】【角度捕捉切换】【百分比捕捉切换】【微调器捕捉切换】，用于场景物体的捕捉。

从左到右依次为【管理选择集】【创建选择集】，选择集是一种非常实用的工具，可以一键选择到集内的所有物体。

【镜像】工具，可以将场景中的物体沿指定轴向进行对称复制。

【对齐】工具，可以根据需要选择不同的对齐方式，将选择的物体对齐到目标物体。

从左到右依次为【切换场景资源管理器】【切换层资源管理器】，用于管理场景资源和层资源。

【切换功能区】此工具可以显示和隐藏功能区。

【曲线编辑器】用于调节动画中物体的运动轨迹。

【图解视图】以节点的形式显示场景中的物体。

【材质编辑器】主要用来设置场景物体的材质。

从左到右依次为【渲染设置】【渲染帧窗口】【渲染产品】【在 AutodeskA360 中渲染】【AutodeskA360 库】，这些是和渲染相关的几种工具。

4. 视口区域

视口区域也称视图区，是 3ds Max 的工作区，默认状态下为四个视图，即顶视图、前视图、左视图和透视图。在实际操作中，视图的切换常用到快捷键：顶视图的快捷键是 T 键，左视图的快捷键是 L 键，前视图的快捷键是 F 键，透视图的快捷键是 P 键。视图的左上角显示该视图的名称以及显示方式，制图中可以根据需要点击此处以切换不同的显示方式，如线框、明暗处理、边面等，如图 1-2-8 所示。

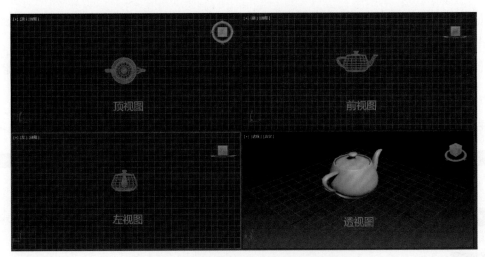

图 1-2-8　场景中放置了茶壶的四视图显示

5. 命令面板

【命令】面板包含【创建】【修改】【层次】【运动】【显示】和【实用程序】6 个面板，如图 1-2-9 所示。

【创建】面板：【创建】面板包含【几何体】【图形】【灯光】【摄影机】【辅助对象】【空间扭曲】和【系统】，如图 1-2-9 所示。其中【几何体】【图形】【灯光】【摄影机】四个面板是制作室内效果图所用到的几个面板。

【修改】面板：【修改】面板主要用来修改场景对象的参数，或为其添加修改器。

【层次面板】：【层次】面板包含【轴】【IK】【链接】，在室内效果图的制作中主要用【轴】来调整模型的轴心点。

【运动】面板：【运动】面板主要用来调整选定对象的运动属性。

【显示】面板：【显示】面板主要用于控制场景对象的显示与否。在效果图制作中，可根据需要取消某个类型的物体在视图中的显示。

图 1-2-9　命令面板

【实用程序】面板：【实用程序】面板包含多种工具程序，其中塌陷、测量、资源收集器是制作室内效果图经常使用到的几个实用工具。

6. 时间尺

【时间尺】包含【时间线滑块】和【轨迹栏】两大部分，如图 1-2-10 所示。【时间尺】主要用于动画调节，在效果图制作中不涉及。

图 1-2-10　时间尺

7. 信息提示区与状态栏

信息提示区与状态栏位于轨迹栏的下方，可以查看选定对象的数目、类型、变换值等信息。

8. 动画控件

动画控件包含【设置关键点】以及动画播放按钮等，用来控制动画的播放效果，如图 1-2-11 所示。

9. 视口导航控制按钮

视口导航控制按钮包含【缩放】【视野】【平移视图】【环绕子对象】【最大化显示选定对象】等按钮，用以控制视图的显示，如图 1-2-12 所示。

图 1-2-11　动画控件

图 1-2-12　视口导航
控制按钮

10. 场景资源管理器

场景资源管理器可以对场景中所有的对象进行管理，常用来查找、隐藏某个对象，也可以对场景中的对象进行重命名、冻结、删除等操作，如图 1-2-13 所示。

11. 石墨建模工具

石墨建模工具主要是针对多边形建模设计的，可以快速找到编辑多边形时需要的各种命令。石墨建模工具分为建模、自由形式、选择、对象绘制和填充五个部分，如图 1-2-14 所示。

图 1-2-14　石墨工具

12. VRay 工具栏 /V-Ray Toolbar

VRay 工具栏内包含 VRay 渲染设置、VRay 灯光以及 VRay 材质的快捷按钮，有利于提高作图效率，如图 1-2-15 所示。

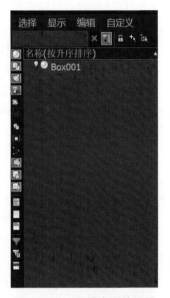

图 1-2-13　场景资源管理器

图 1-2-15　VRay 工具栏

2.2　3ds Max 的基本操作

任务 1　文件的操作

3ds Max 提供了对文件的基本操作，包括新建、重置、打开、保存、另存、导入和导出。所有的文件操作都集合在软件图标这个位置，如图 1-2-16 所示。

（1）新建：新建一个场景。

（2）重置：可清除全部的数据，使程序恢复到初始设置状态，重置能够将软件恢复到初始打开的一个状态。

（3）打开：可以打开已有的 Max 场景文件。最近打开的一些文件的位置就可以直接通过这个位置进行快捷的打开。

（4）保存：新场景在第一次使用保存命令时会弹出"文件另存为"对话框，可以进行命名与指定保存路径。保存后文件的格式为 .max 格式。

（5）另存为：另存为就是把当前的文件，再另外以一个新的文件名称或路径来保存当前场景。

（6）导入：3ds Max 可以导入多种不同格式的文件，包括 .cad、.3ds、.obj、.fbx 等不同格式的文件，不同格式的文件导入需

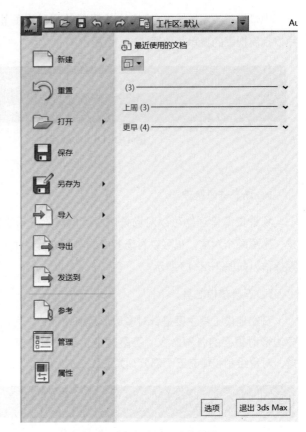

图 1-2-16　文件的操作

要选择对应的导入类型。常用的导入类型有导入和合并。其中，.max 格式的场景文件应选择合并类型进行导入，而非 .max 后缀名的外部文件格式应选择导入类型，如 .dwg、.fbx、.obj 等。

（7）导出：.max 可以导出多种格式的文件，经常用的格式有 .fbx、.obj、.3ds 等。

任务 2　3ds Max 优化设置

为提高作图的工作效率，常常需要对软件界面的布局形式等进行优化设置和个性化的设置。

1. 单位设置

视频：3ds Max
优化设置

室内效果图的制作在建模前一定要将显示单位和系统单位统一设置为毫米，步骤如图 1-2-17 所示：执行菜单栏【自定义】【单位设置】，在弹出的【单位设置】对话框中单击【系统单位设置】，在【系统单位设置】对话框中，将单位设置为"毫米"，然后单击确定。在【单位设置】对话框中，勾选【显示单位比例】为【公制】，并将单位选择为"毫米"，最后单击确定即可。

图 1-2-17　系统单位设置

2. 首选项设置

（1）自动备份与保存。3ds Max 的自动备份与保存功能，可以避免 3ds Max 软件由于闪退等情况造成的损失。自动备份的数量和时间间隔可以自行设置。执行菜单栏【自定义】—【首选项】—【文件】命令，如图 1-2-18 所示，在【文件】选项卡里面，勾选【启用】自动备份，同时，还可以勾选【保存时压缩】，这样在存储的时候会自动进行压缩。

（2）场景撤销级别设置。系统默认【场景撤销】是 20 步，但作为初学者可以将撤销次数提高。执行菜单栏【自定义】—【首选项】—【常规】命令，在【常规】选项卡中将场景撤销级别设置为 100，如图 1-2-19 所示。

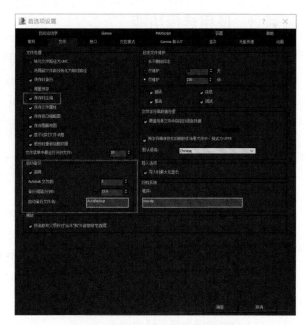

图 1-2-18　自动备份与保存设置

（3）场景选择设置。为了便于切换窗口选择与交叉选择，可以进行场景选择设置。执行菜单栏【自定义】—【首选项】—【常规】命令，在【常规】选项卡中勾选【按方向自动切换窗口 / 交叉】，如图 1-2-19 所示。

（4）视口选项卡的设置。在 3ds Max 选中物体时，物体边缘会有高亮显示，如果不需要这种效

果，可以取消。执行菜单栏【自定义】—【首选项】—【视口】命令，在【视口】选项卡，取消勾选
【选择 / 预览亮显】，如图 1-2-20 所示。

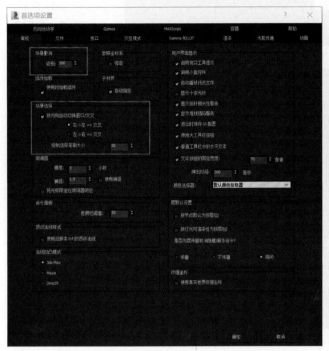

图 1-2-19　场景撤销级别设置 / 场景选择设置

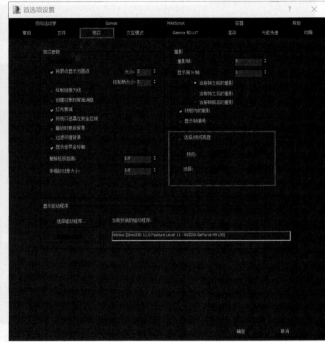

图 1-2-20　视口选项卡的设置

任务 3　使用选择功能

视频：使用选择功能

在 3ds Max 中对任何对象的编辑都需要先选择该对象，除了在视口中直接单击点选对象之外，
3ds Max 还提供了多种选择方式，如框选、加选、减选、反选、孤立选择、全选和全部取消选择等。

（1）框选。框选是指在任一视图中拖出一个选框，选框内的物体就会被选择到。

（2）加选。加选是指当前已有物体被选择的情况下，还要选择另外的物体，可以在按住 Ctrl 键
的同时单击想要选择的物体。

（3）减选。和加选相反，是指当前已选择了多个物体，想取消其中某个物体的选择状态，可以
在按住 Alt 键的同时单击想要取消选择的物体。

（4）反选。反选是指选择当前处于选中状态的物体以外的物体，可以按 Ctrl+I 即可。

（5）孤立选择。在编辑对象时往往需要将某个对象最大化显示，以方便对其进行编辑，此时可
以使用孤立选择对象将该物体单独显示出来。孤立选择对象最常用的方法是直接使用快捷键 Alt+Q，
也可以直接单击按钮，如图 1-2-21 所示位置，再次单击该按钮，则取消孤立显示状态。

（6）全选。快捷键为 Ctrl+A。

（7）全部取消选择。快捷键为 Ctrl+D。

选 择 技 巧

在对场景中的对象进行选择时除以上几种选择方式外，3ds Max 还提供了按对象类型选择的功
能，即通过使用【选择过滤器】，如图 1-2-22 所示，可以过滤掉不希望被选择的对象类型，方便编

辑同一种类型的对象,【选择过滤器】提供了全部、几何体、图形、灯光、摄影机等多种对象类型。例如在对场景进行摄影机设置时,可以在下拉列表中选择"C- 摄影机"选项,这样摄影机以外的对象就不会误选到,从而提高效率。

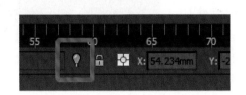

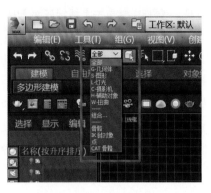

图 1-2-21　孤立选择对象按钮　　　　图 1-2-22　选择过滤器

任务 4　变换操作

在 3ds Max 中,常用的变换操作有移动、旋转、缩放,如图 1-2-23 所示。

（1）移动对象。【选择并移动】是用来选择并移动对象的工具,操作中常使用快捷键 W。使用此工具选择到物体后,会显示物体的坐标轴,如图 1-2-24 所示,可以单个轴向上进行移动,也可以多个轴向同时移动。

图 1-2-23　变换操作工具

视频:变换操作

（2）旋转对象。【选择并旋转】是用来选择并旋转对象的工具,操作中常使用快捷键 E,可以单个轴向旋转,也可以多个轴向同时旋转。 该工具往往与【角度捕捉】工具结合一起使用,角度捕捉设置参数如图 1-2-25,在默认状态下以 5° 为增量进行旋转。

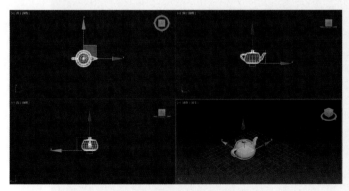

图 1-2-24　物体轴向在视图中的显示　　　　图 1-2-25　角度捕捉设置参数

（3）缩放对象。【选择并缩放】是用来选择并缩放对象的工具,快捷键为 R 键,【选择并缩放】工具包含 3 种缩放方式,如图 1-2-26 所示。其中,【选择并均匀缩放】是常用的缩放方式,它可以保持对象的原始比例。

任务 5 使用捕捉工具

视频：使用捕捉工具

在 3ds Max 实际操作中常使用捕捉工具的快捷键 S 来激活捕捉工具。鼠标左键单击【捕捉开关】按钮不放会弹出捕捉工具列表，分别为【2 维捕捉】【2.5 维捕捉】【3 维捕捉】三种捕捉方式，如图 1-2-27 所示。室内效果图制作中常用的捕捉维度是【2.5 维捕捉】。

鼠标右键单击【捕捉开关】按钮会弹出【捕捉设置对话框】，可以设置捕捉类型和捕捉选项，在捕捉设置里面根据需要选择勾选【顶点】【端点】【中点】【边/线段】，如图 1-2-28 所示。在选项设置里面勾选【启动轴约束】【捕捉到冻结对象】，如图 1-2-29 所示。

图 1-2-26 缩放方式

图 1-2-27 捕捉方式　　图 1-2-28 捕捉类型设置　　图 1-2-29 捕捉选项设置

实操练习 1：使用捕捉工具，根据 CAD 图纸绘制户型结构线，如图 1-2-30 所示。

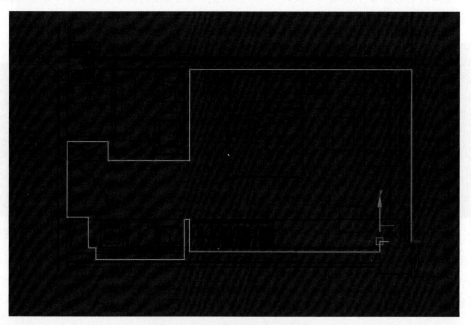

图 1-2-30 户型结构线的绘制

实操练习 2：使用移动和捕捉工具，将茶壶物体移动到立方体上面，如图 1-2-31 所示。

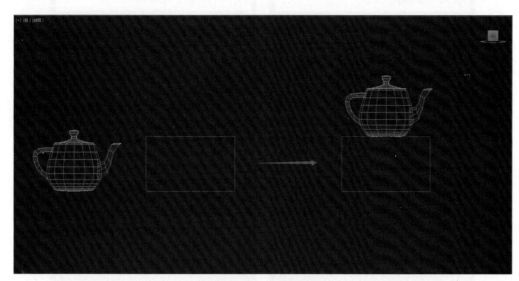

图 1-2-31 茶壶的移动

任务 6   使用对齐工具

使用对齐工具可以根据需要选择不同的对齐方式，将选择的物体对齐到目标物体，它能够提高工作效率。对齐工具的快捷键为 Alt+A。如图 1-2-32 所示，使用对齐工具可以精准地将左侧茶壶物体对齐到右侧立方体的中心：首先选择左侧茶壶物体，单击对齐按钮，再选择右侧立方体，在弹出的对齐设置窗口中，如图 1-2-33 所示，根据需要选择对齐轴和对齐方式，这里先选择 X 和 Y 轴，对齐方式选择轴点，此时在空间中可以实时预览对齐后的效果，点击应用。最后进行 Z 轴对齐，设置如图 1-2-34 所示，这样茶壶物体就对齐到了立方体的中心，对齐后的效果如图 1-2-35 所示。

视频：使用对齐工具

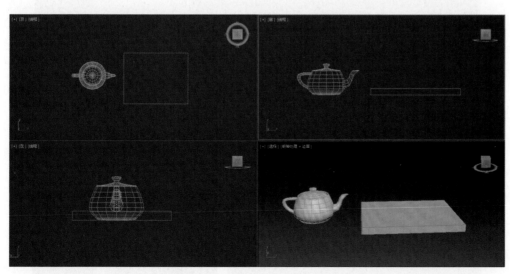

图 1-2-32 茶壶与立方体对齐前

图 1-2-33　X 轴和 Y 轴对齐设置　　　　图 1-2-34　Z 轴对齐设置

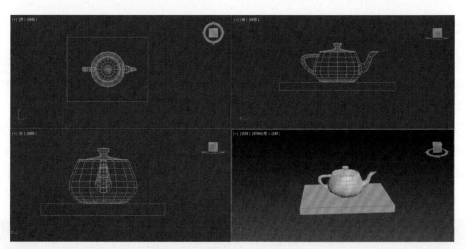

图 1-2-35　茶壶与立方体对齐后

实操练习：使用对齐工具，将 4 根方柱对齐到左侧立方体，完成简易方桌，如图 1-2-36 和图 1-2-37 所示。

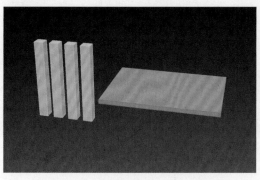
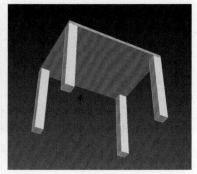

图 1-2-36　4 根方柱与立方体对齐前　　　图 1-2-37　4 根方柱与立方体对齐后

任务 7　使用复制功能

复制在 3ds Max 中是一个很常用的功能，有以下 5 种常用的复制形式。

1. 菜单【克隆】命令复制

在视口中，选中一个物体，【编辑】菜单下拉执行【克隆】命令，或使用快捷键 Ctrl+V，在弹出的克隆选项窗口单击确定按钮，会原地复制出一个物体，即原物体和复制出的物体重合在一起，使用移动工具点选"移开"就可以查看到。

3ds Max 克隆选项中有【复制】【实例】【参考】3 种复制类型，如图 1-2-38 所示。

视频：菜单【克隆】命令复制

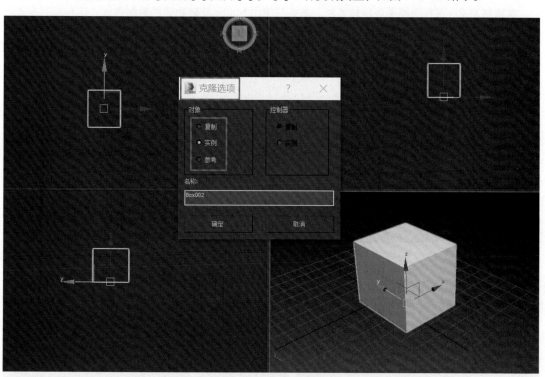

图 1-2-38　复制类型

【复制】：复制出来的各个物体是独立的，即修改任何一个，其他不受影响。

【实例】：复制出来的物体是相互关联的，即修改任何一个，其他也会随之改变。

【参考】：对复制物体进行编辑，原物体不会发生任何变化，但对原物体进行修改，复制物体也会随之发生变化。

三种克隆方式中，前两种应用得最多，第三种非常少用。

2. Shift 键＋变换工具（移动、旋转、缩放）

这是 3ds Max 中使用率最高的一种复制方式。只要按住 Shift 键配合单击移动、旋转或缩放物体，就会弹出【克隆选项】窗口，可以进一步在【克隆选项】窗口中设置复制的数量。

实操练习 1：茶壶的移动复制。本练习使用 Shift+ 移动物体的复制方式：按住 Shift 键沿 X 轴移动"茶壶"物体一段距离后松开左键，弹出如图 1-2-39 所示的窗口，设置复制的数量，就可以得到在 X 轴向上对茶壶物体等间距复制的效果，如图 1-2-40 所示。

视频：Shift 键＋变换工具进行复制

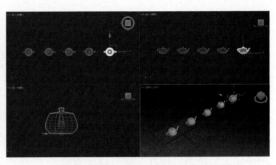

图 1-2-39　移动复制茶壶设置　　　　　　　　图 1-2-40　等间距复制茶壶

实操练习 2：茶杯围绕茶壶旋转复制。本练习使用 Shift+ 旋转物体的复制方式：这种复制方式涉及对物体旋转轴心的设置，旋转轴心不同，复制的结果也不同，如图 1-2-41 所示。

图 1-2-41　不同轴心的旋转复制

按住 Shift 键旋转茶杯物体一定角度后松开左键弹出如图 1-2-42 所示的窗口，设置复制的数量，就可以得到在一个平面上对原物体进行等角度复制的效果，如图 1-2-43 所示。

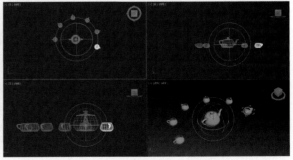

图 1-2-42　茶杯围绕茶壶旋转复制设置　　　　图 1-2-43　茶杯围绕茶壶旋转复制效果

小贴示：要想得到茶杯物体围绕茶壶物体旋转复制的效果，应先将茶杯物体的轴心点对齐到茶壶物体的轴心点。改变物体坐标轴的方法：首先选择该物体，然后选择右侧的层级面板，单击【调整轴】，在下方单击【仅影响轴向】按钮，然后就可以在视图中移动和旋转轴向了，设置好后再次单击【仅影响轴向】按钮将其关闭，这样，物体的坐标轴位置的变动就完成了。

实操练习 3：茶壶的缩放复制。本练习使用 Shift+ 缩放物体的复制方式：首先要将茶壶物体的坐标轴移到茶壶物体的外面，在按住 Shift 键的同时对茶壶物体进行缩放，就可以得到茶壶物体等距离递减和等倍数缩放复制的效果，如图 1-2-44 所示。

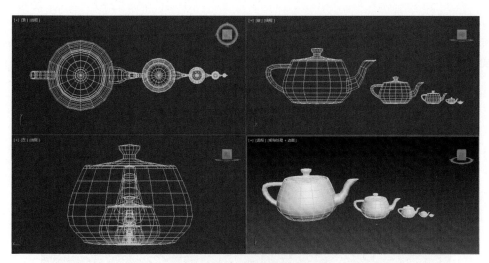

图 1-2-44　茶壶的缩放复制

3. 镜像复制

镜像复制可以理解为将模型沿着某个轴向进行翻转复制。

实操练习：茶壶物体的镜像。创建一个茶壶，并选择该茶壶，然后单击【镜像】工具，界面会弹出【镜像】面板，可以进行参数的设置，如图 1-2-45 所示，可以根据自己的需要设置【镜像轴】【偏移】的数值以及【克隆当前选择】的方式。当选择镜像轴为 X 轴时，可以理解为将模型沿着X 轴进行翻转。选择 Y 轴的镜像轴，就是将模型进行前后翻转，Z 轴就是上下翻转。

视频：镜像复制

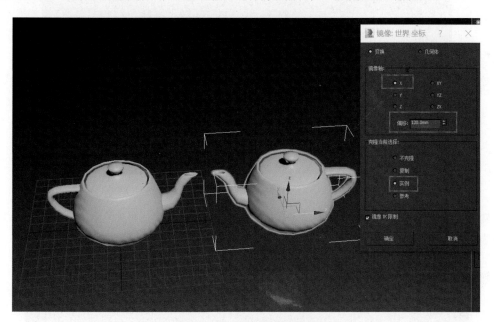

图 1-2-45　茶壶的镜像复制

4. 阵列复制

阵列复制可以使物体按矩阵方式二维或三维复制并排列。阵列复制实际上就是将移动复制、旋转复制、缩放复制集合在一个功能下的一种复制，常用于大量有序地复制物体。

实操练习 1：移动阵列制作"楼梯"模型。移动阵列复制是对物体设置 3 个轴向上的偏移量，形成矩形阵列效果。下面利用移动阵列复制制作"楼梯"模型。

视频：阵列复制

　　创建一个长 1 000 mm、宽 250 mm、高 150 mm 的长方体作为楼梯踏步，选中该长方体，选择菜单栏中的【工具】/【阵列】命令，在弹出的【阵列】对话框中设置参数，如图 1-2-46 所示。单击【预览】按钮，可以在透视圈中看阵列的预览结果，如图 1-2-47 所示。

图 1-2-46　阵列参数设置

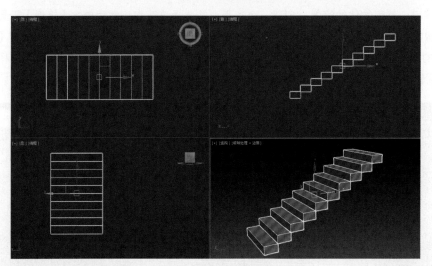

图 1-2-47　阵列效果

　　实操练习 2：旋转阵列复制茶壶物体。旋转阵列复制可以形成环形阵列效果，如图 1-2-48 所示，将茶壶物体进行环形阵列复制。

图 1-2-48　旋转阵列复制茶壶物体

　　实操练习 3：缩放阵列——等比例缩小复制多个茶壶。利用缩放阵列工具，将茶壶物体进行等比例缩小复制，如图 1-2-49 所示。

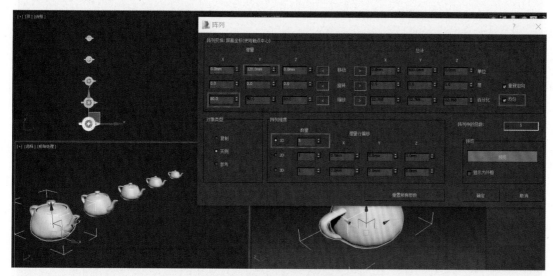

图 1-2-49　等比例缩小复制多个茶壶

5. 间隔工具复制

　　间隔工具复制是一种特殊的复制方式，它可以沿着一根线条进行对象的复制。

　　实操练习 1：沿一条曲线复制茶壶物体。分别创建茶壶物体和一条曲线图形，按 Shift+I 调用间隔工具，如图 1-2-50 所示，在弹出的对话框中选择【拾取路径】，并勾选【中心】和【跟随】，得到如图 1-2-51 所示效果。

视频：间隔工具复制

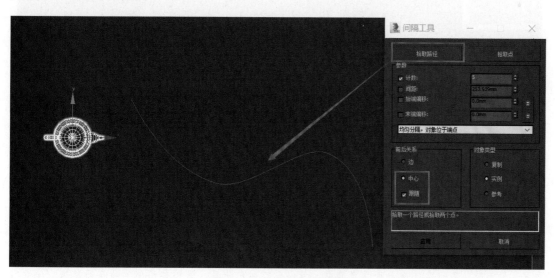

图 1-2-50　间隔工具设置

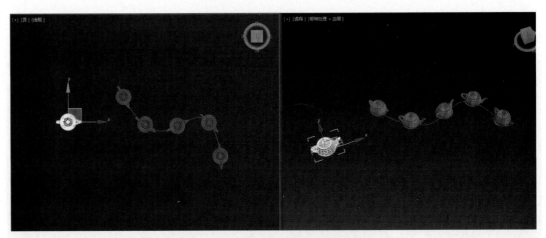

图 1-2-51　沿一条曲线复制茶壶物体

实操练习 2：沿着圆形复制长方体，如图 1-2-52 所示。

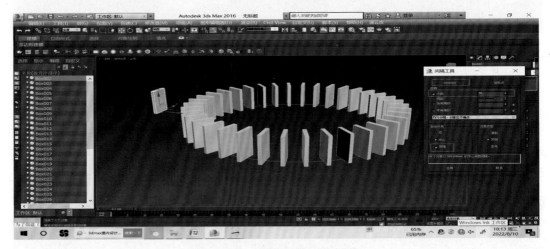

图 1-2-52　沿着圆形复制长方体

情境小结

本情境主要讲解了 3ds Max 软件的启动方式、工作界面以及 3ds Max 的基本操作和优化设置等。3ds Max 基本操作和常用工具的使用是必须要熟练掌握的，相关实操案例应多加练习，为后面内容的学习打下坚实的基础。

职业素养提升

生活中，好的行为习惯将使我们受益终身，养成好的行为习惯需要坚持。鲁迅先生从小就认真学习。少年时，鲁迅在江南水师学堂读书，第一学期成绩优异，学校奖给他一枚金质奖章。他立即拿到南京鼓楼街头卖掉，然后买了几本书，又买了一串红辣椒。每当晚上寒冷时，夜读难耐，他便摘下一个辣椒，放在嘴里嚼着，直辣得额头冒汗。他就用这种办法驱寒坚持读书。由于苦读书，他养成读书的好习惯，后来成为我国著名的文学家。

对于作图者来说，良好的制图习惯可以提高工作效率。在学习使用 3ds Max 软件绘制效果图初期，就应该养成良好的制图习惯。

学习情境3 | 模型创建

知识目标

1. 掌握 3ds Max 模型创建的基本知识。
2. 熟悉 3ds Max 建模的多种方法。

能力目标

1. 能够运用 3ds Max 几何体进行模型创建。
2. 能够根据需要灵活运用多种修改器进行建模。
3. 能够运用多边形建模方法进行复杂模型的创建。
4. 能够创建新中式家具融入模型。

素养目标

培养严谨细致、精益求精的精神。

3.1 基本体建模

3ds Max 基本体建模，是通过对基本几何体的拼搭来完成模型的创建。通过案例学习，掌握基本体建模的方法，熟悉基本体的基础应用，同时掌握 3ds Max 工具的基本操作。

3ds Max 基本体主要有【标准基本体】与【扩展基本体】，如图 1-3-1 所示。

图 1-3-1　【标准基本体】【扩展基本体】

任务 1　创建简单沙发模型

通过对简单沙发模型的练习，可以熟练掌握使用【长方体】【圆柱】【移动】【旋转】【复制】工具的使用，同时也掌握各种视图的使用方法。

首先使用创建面板中的【长方体】工具，创建一个长方体，在【修改】面板中修改参数，长度为 1 950 mm，宽度为 800 mm，高度为 50 mm，如图 1-3-2 所示，使用同样的方法，创建 6 个长度为 650 mm、宽度为 800 mm、高度为 200 mm，2 个长度为 200 mm、宽度为 800 mm、高度为 400 mm 的长方体，使用移动、旋转工具调整位置，如图 1-3-3 所示。一个简单的沙发模型就创建出来了。

视频：简单沙发模型

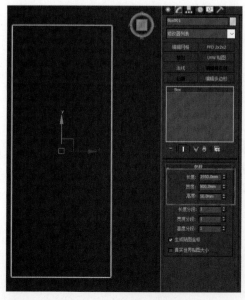

图 1-3-2　绘制长方体

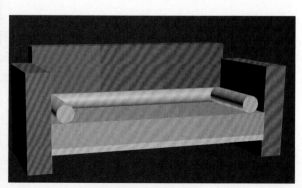

图 1-3-3　沙发模型

任务 2　制作台球模型

单击【标准基本体】下的【圆环】，在顶视图创建【球体】，半径 1 为 1 200 mm，半径为 2 为 100 mm，设置分段数为 3，如图 1-3-4 所示。选择【球体】，在顶视图三角形框中创建台球，半径为 150 mm，并复制球体。选择球体，单击【命令】面板上的【颜色框】，分别给球体设置颜色，如图 1-3-5 所示（此设置为二维线框颜色，并非最终物体颜色）。

视频：台球制作案例

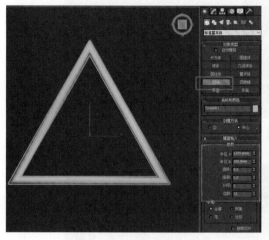

图 1-3-4　绘制三角形

图 1-3-5　台球模型

任务 3　利用【扩展基本体】创建办公桌模型

（1）在创建面板选项中单击【扩展基本体】，选择【扩展基本体】【切角长方体】，在顶视图中创建办公桌桌面，长度为 1 200 mm，宽度为 700 mm，高度为 40 mm，圆角为 5 mm，如图 1-3-6 所示。

视频：办公桌

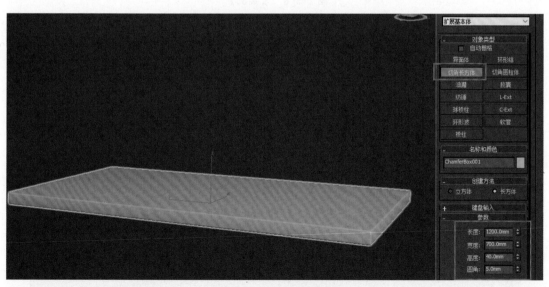

图 1-3-6　绘制长方体

（2）选择【切角长方体】，在顶视图中创建办公桌桌体，长度为 360 mm，宽度为 670 mm，高度为 650 mm，圆角为 5 mm，如图 1-3-7 所示。选择创建的桌体进行复制，按住 Shift 键，选择移动工具，弹出【复制】对话框，勾选【实例】，单击【确定】。用移动工具调整位置，如图 1-3-8 所示。

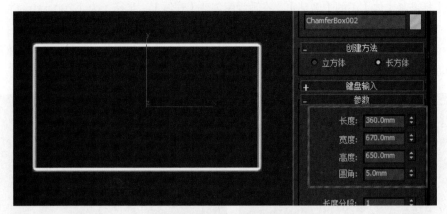

图 1-3-7　绘制办公桌桌体

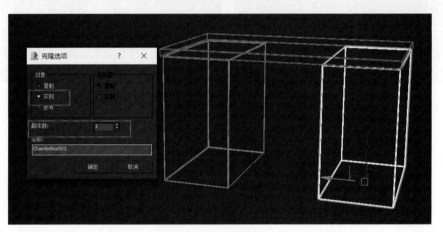

图 1-3-8　【实例】

（3）制作抽屉面板，选择【切角长方体】。在左视图中创建抽屉面板，长度为 170 mm，宽度为 340 mm，高度为 8 mm，圆角为 2 mm，用移动工具调整位置，如图 1-3-9 所示。复制抽屉面板，数量为 2，选择底部抽屉面板，调整尺寸，长度为 220 mm，如图 1-3-10 所示。

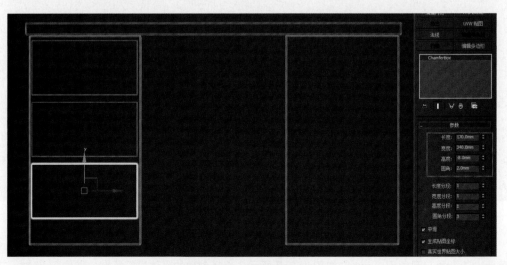

图 1-3-9　制作抽屉面板

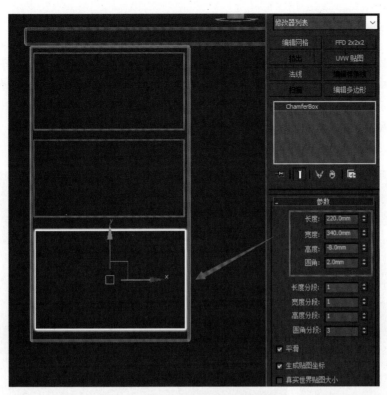

图 1-3-10　调整底部抽屉面板大小

（4）制作拉手，选择【切角长方体】。在左视图第一个抽屉面板中心位置，长度为 16 mm，宽度为 90 mm，高度为 8 mm，圆角为 2 mm，用移动工具调整位置，并进行复制，数量为 2，如图 1-3-11 所示。

一个简单的办公桌就制作完成了，如图 1-3-12 所示。

图 1-3-11　制作拉手

图 1-3-12　完整办公桌模型

3.2 二维图形建模

二维图形建模有两种形式：一是通过对二维图形创建与编辑后，设置属性为【可渲染】，即可得到三维模型；二是通过对二维图形添加各种修改器，将其转换为三维物体。

二维图形建模很方便，对于一些靠可编辑多边形很难调整出来的形状，可以通过二维线建模快速地达到效果。

任务 1 二维图形设置为【可渲染】

3ds Max 软件中,【图形】面板包括【线】【矩形】【圆】【椭圆】【弧】【圆环】【多边形】【星形】【文本】【螺旋线】【卵形】【截面】,【图形】面板如图 1-3-13 所示。选择任一图形,在视口中按住鼠标左键拖曳即可绘制相应的图形,如图 1-3-14 所示。选择任一图形,在【修改】面板下的【渲染】卷展栏中勾选【在渲染中启用】【在视口中启用】,具体参数设置如图 1-3-15 所示,这样就可以将二维图形变成三维物体,如图 1-3-16 所示。

图 1-3-13 【图形】面板

图 1-3-14 绘制图形

图 1-3-15 【渲染】面板

图 1-3-16 【在渲染中启用】【在视口中启用】打钩

任务 2　线的创建

单击【图形】面板中的【线】，单击鼠标可以绘制成转折线，单击后拖动鼠标可以绘制成弧线，在单击的同时按住 Shift 键可以绘制成水平或者垂直线，如图 1-3-17 所示。

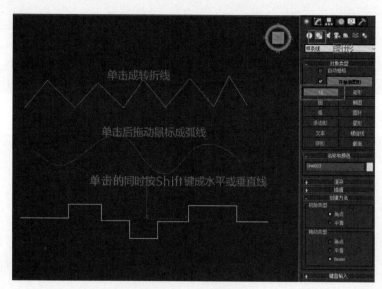

图 1-3-17　线的创建

任务 3　利用【挤出】修改器使二维图形转三维物体

利用【图形】【矩形】创建一个长度为 600 mm、宽度为 600 mm 的矩形，【挤出】60 mm，变成三维图形，如图 1-3-18、图 1-3-19 所示。

图 1-3-18　创建矩形

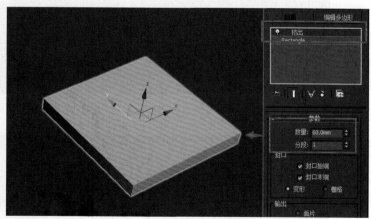

图 1-3-19　【挤出】60 mm

任务 4　创建书本模型

（1）通过【图形】【矩形】创建一个宽度为 1 000 mm、长度为 350 mm 的矩形，如图 1-3-20 所示，右击矩形，选择【转换为可编辑样条线】，选择【点】调整书本边缘位置的点，如图 1-3-21 所示，复制一个样条线，如图 1-3-22 所示，选择其中一个，【挤出】290 mm，如图 1-3-23 所示。

视频：书本模型

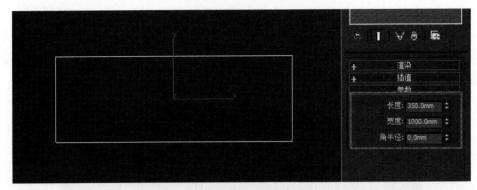

图 1-3-20 创建矩形

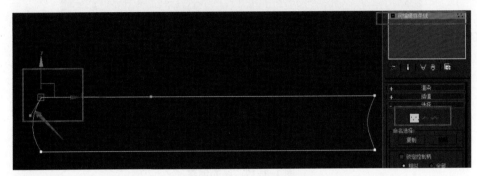

图 1-3-21 【点】调整位置

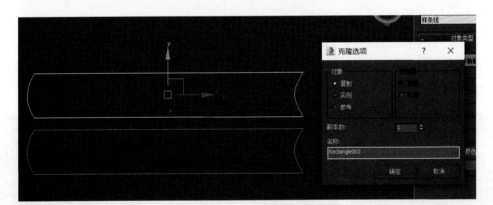

图 1-3-22 复制样条线

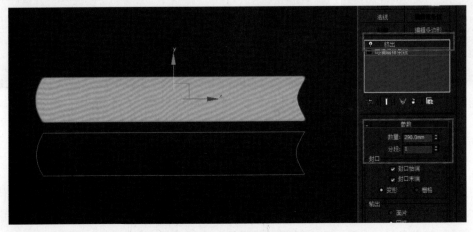

图 1-3-23 【挤出】290 mm

（2）做书本封面、封底部分，选择样条线【线段层级】，选择右边弧线线段，按住 Delete 键删掉，如图 1-3-24 所示。选择样条线，【轮廓】-5 mm，如图 1-3-25 所示，调整一下大小，封面比书本部分稍微大一些，如图 1-3-26 所示，挤出 290 mm，调整封面与书本的位置，一个书本模型就创建好了，如图 1-3-27 所示。

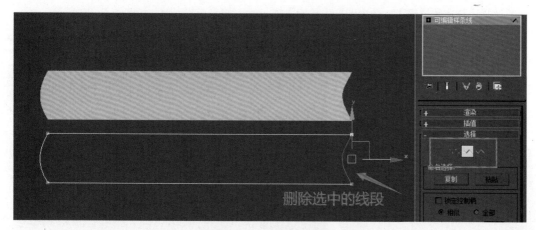

图 1-3-24　删除选中的线

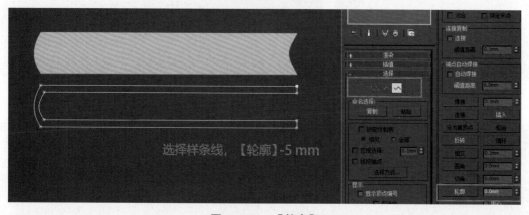

图 1-3-25　【轮廓】

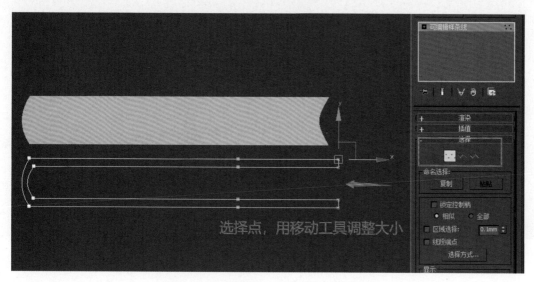

图 1-3-26　选择点，拖动鼠标调整大小

任务 5　创建茶几模型

视频：茶几建模

（1）绘制柜体。绘制一个长度为 1 200 mm、宽度为 600 mm 的矩形，右击矩形，选择【转换为可编辑样条线】【点层级】选择四个点，如图 1-3-28 所示，【圆角】50 mm，如图 1-3-29 所示，选择【样条线层级】，选中图形【轮廓】30 mm，挤出 600 mm，如图 1-3-30 所示。

图 1-3-27　书本模型

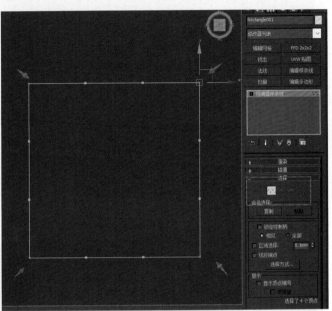

图 1-3-28　选择四个点

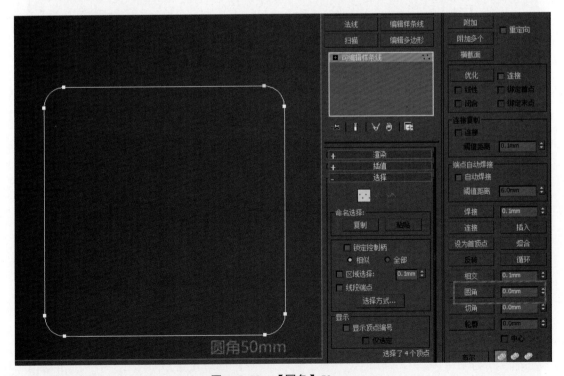

图 1-3-29　【圆角】50 mm

（2）绘制柜脚。首先用【线】绘制出柜脚轮廓，如图 1-3-31 所示。选择样条线，右击选择【转换为可编辑样条线】【点层级】选择两个点，【圆角】30 mm，如图 1-3-32 所示。单击【渲染】，勾选【在渲染中启用】【在视口中启用】，【径向】厚度 15 mm，如图 1-3-33 所示。复制一个，调整位置，一个简易的茶几模型就建好了，如图 1-3-34 所示。

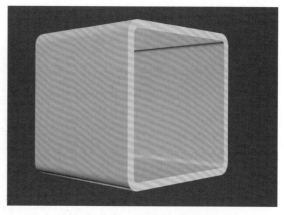

图 1-3-30　【挤出】600 mm

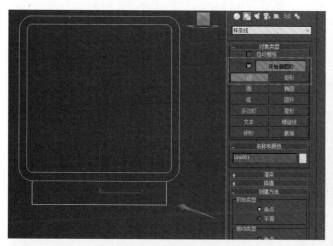

图 1-3-31　绘制样条线

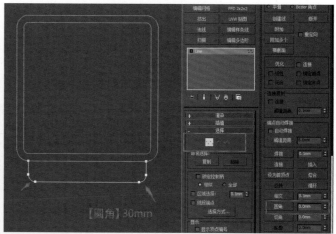

图 1-3-32　选择两个点，【圆角】30 mm

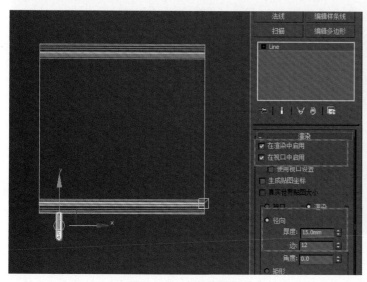

图 1-3-33　制作柜脚

图 1-3-34　茶几模型

任务6　利用【扫描】修改器制作石膏线

视频：利用【扫描】
修改器制作石膏线

【扫描】修改器广泛用于室内建模，通过两个二维图形转换为三维图形，多用于石膏线、门套、踢脚线、相框等模型的制作。

（1）单击图形中的【矩形】按钮，绘制一个长度、宽度为1500 mm的正方形A，继续在顶视图绘制一个长度、宽度均为80 mm的正方形B，右击选择【转换为可编辑样条线】，调整效果如图1-3-35所示。

（2）选择正方形A，添加【扫描】修改器，选择【使用自定义截面】，单击【拾取】，拾取B，效果如图1-3-36、图1-3-37所示。

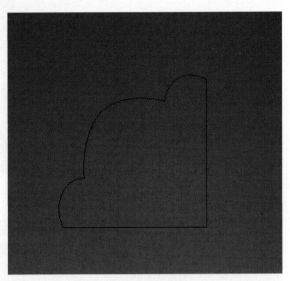

图 1-3-35　截面

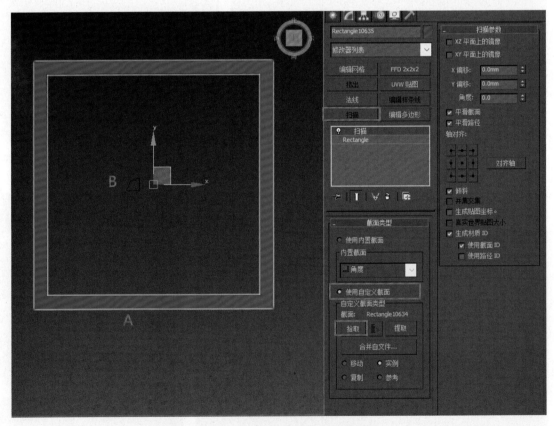

图 1-3-36　【扫描】【使用自定义截面】

【XZ平面上的镜像】和【XY平面上的镜像】经常用于调整方向，【X偏移】【Y偏移】用来微调对齐距离，【角度】可以调整扫描的角度，【轴对齐】的9种调节方式常用于调整扫描结果与物体对象之间的对齐关系，如图1-3-38所示。

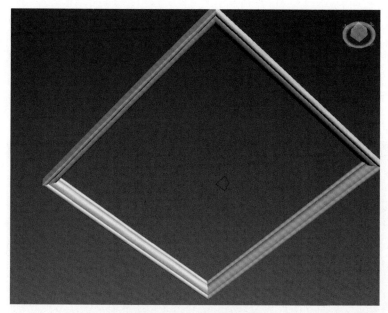

图 1-3-37　【扫描】效果　　　　　　　　　图 1-3-38　【扫描参数】面板

任务 7　利用【车削】修改器制作瓶子模型

【车削】修改器能够将二维样条线对象围绕一个轴进行旋转得到三维对象。该修改器用于制作类似圆柱的模型，如花瓶、水杯、柱子等。

在前视图中绘制模型的半截面，如图 1-3-39 所示，添加【车削】修改器，设置参数，如图 1-3-40 所示。对其添加【壳】修改器，设置【外部量】为【2.0 mm】，完成效果如图 1-3-41 所示。

注意：【壳】修改器可以将单面物体变成双面，相当于【挤出】修改器的效果。

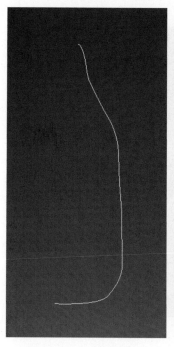

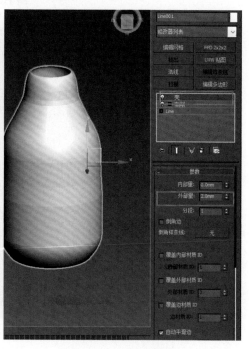

图 1-3-39　创建样条线　　　图 1-3-40　调整参数　　　图 1-3-41　完成效果

任务 8 利用【倒角】修改器创建立体字模型

【倒角】修改器是 3ds MAX 中比较常用的一个修改命令,是将二维图形挤出为三维对象,并在边缘应用平滑的倒角效果。

执行【图形】—【文本】命令输入任意文字,添加【倒角】修改器,修改参数,如图 1-3-42、图 1-3-43 所示。

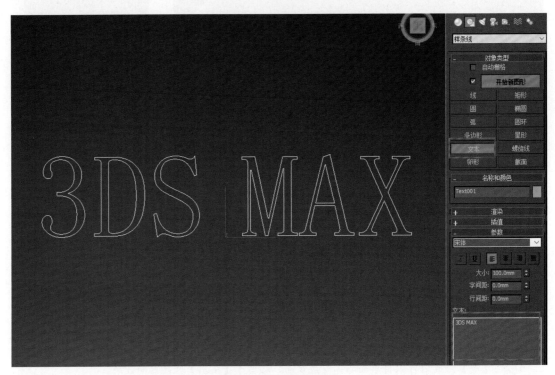

图 1-3-42 创建文本

图 1-3-43 添加【倒角】修改器

3.3　三维对象的修改器建模

　　除可以对二维图形添加各种修改器生成三维物体外，也可以对三维对象添加各种修改器改变对象本身的形体结构。

任务 1　【弯曲】修改器的使用

视频：【弯曲】修改器

　　【弯曲】修改器命令可以使片状的模型实现 0°~360° 的卷曲，通常对【弯曲】命令的应用，是对圆体上有规则或者不规则造型的物体。

　　（1）创建一个【圆柱体】，半径为 30 mm，高度为 180 mm，高度分段为 20，如图 1-3-44 所示。

　　（2）对【圆柱体】添加【弯曲】修改器，参数设置如图 1-3-45 所示。

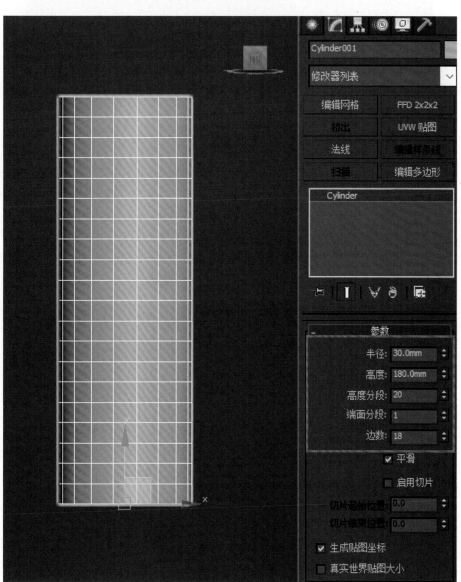

图 1-3-44　创建圆柱体

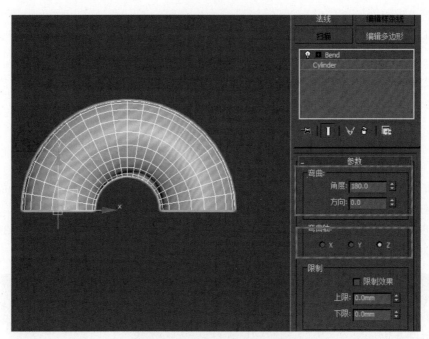

图 1-3-45   添加【弯曲】修改器

任务 2   【扭曲】修改器与【锥化】修改器的使用

视频：【扭曲】修改器与【锥化】修改器的使用

　　【扭曲】修改器在对象几何体中产生一个旋转效果（就像拧湿抹布），可以控制任意三个轴上扭曲的角度，并设置偏移来达到压缩扭曲相对于轴点的效果，也可以对几何体的一段限制扭曲。

　　【锥化】修改器通过缩放对象几何体的两端产生锥化轮廓；一端放大而另一端缩小。可以在两组轴上控制锥化的量和曲线，也可以对几何体的一段限制锥化。

　　（1）在顶视图创建【星形】，半径 1 为 100 mm，半径 2 为 200 mm，点为 8，圆角半径 1 为 50 mm，圆角半径 2 为 50 mm，如图 1-3-46 所示。

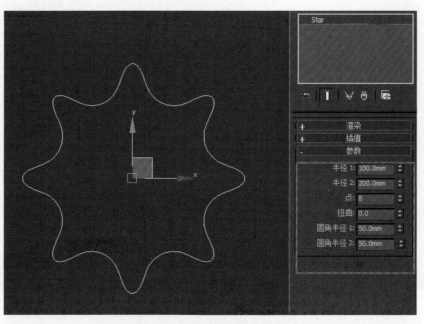

图 1-3-46   创建【星形】图形

（2）对图形添加【挤出】修改器，【挤出】200 mm，分段 20，如图 1-3-47 所示。对其添加【锥化】修改器，数量为 -1，曲线为 1，如图 1-3-48 所示。对其添加【扭曲】修改器，角度为 45°，如图 1-3-49 所示。

（3）在顶视图创建【圆锥】，调整圆锥大小、位置，得到效果图，如图 1-3-50 所示。

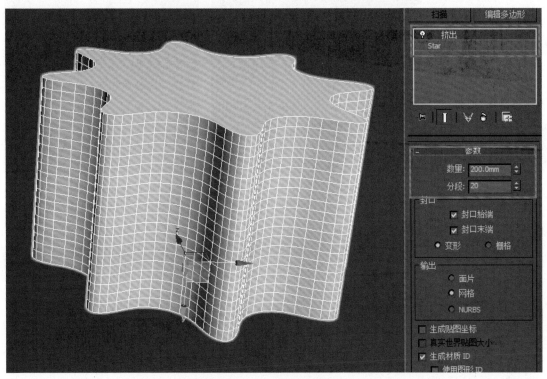

图 1-3-47　【挤出】

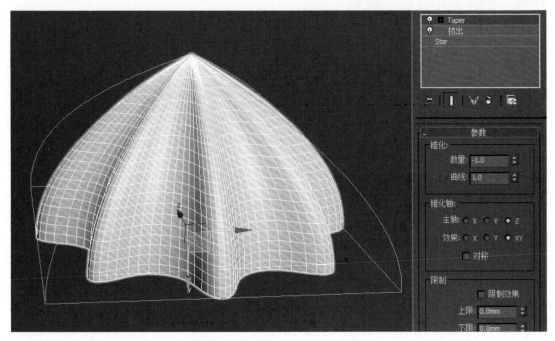

图 1-3-48　添加【锥化】修改器

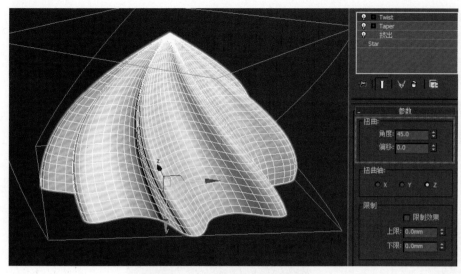

图 1-3-49 添加【扭曲】修改器

图 1-3-50 完成效果

3.4 多边形建模

视频：多边形建模

首先使一个对象转化为可编辑的多边形对象，然后通过对该多边形对象的各种子对象进行编辑和修改来实现建模，这种建模方式称为多边形建模。多边形建模是目前最流行的建模方法，建模技术先进，编辑灵活，几乎没有什么是不能通过多边形建模来创建的。

任务 创建新中式柜子模型

（1）创建面板、样条线，选择【矩形】，在顶视图画一个长度为 350 mm、宽度为 1 000 mm 的矩形，如图 1-3-51 所示。

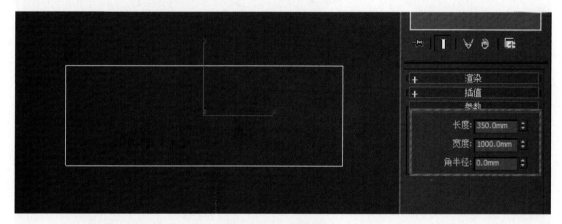

图 1-3-51 创建矩形

（2）选择【矩形】，添加修改器列表，【挤出】25 mm，如图 1-3-52 所示。

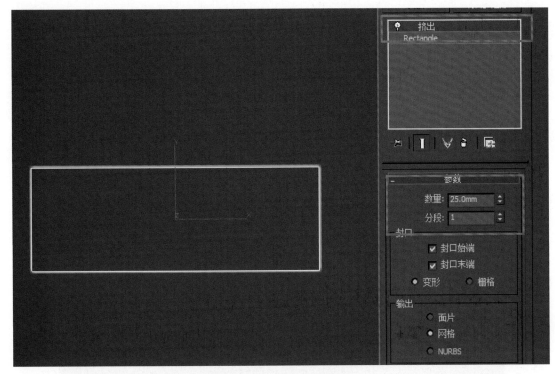

图 1-3-52　【挤出】25 mm

选择挤出的矩形，右击转换为【可编辑多边形】，选择底面的两条边，如图 1-3-53 所示。右击【连接】，连接 2 条边，如图 1-3-54 所示，调整连接出的两条边的位置，使用移动变换工具，右击【移动】按钮，调出【移动变换】对话框，调整至左右两边距离为 25 mm，如图 1-3-55、图 1-3-56 所示。使用相同的方法连接上下两条边，如图 1-3-57 所示。

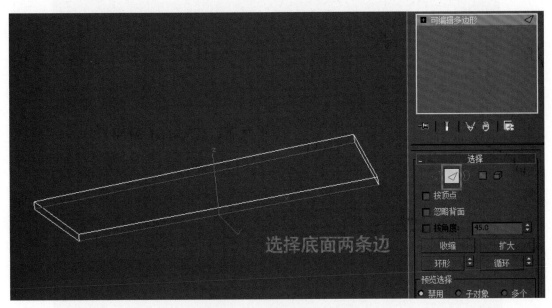

图 1-3-53　选择底面的两条边

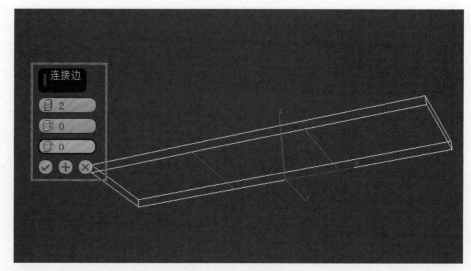

图 1-3-54　连接边

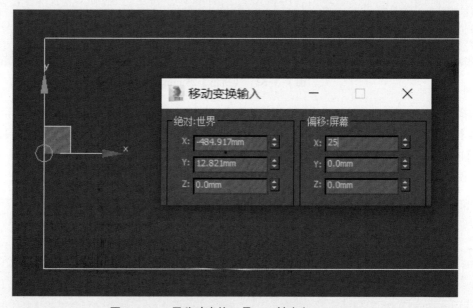

图 1-3-55　用移动变换工具，X 轴方向 ±25 mm

图 1-3-56　调整位置

图 1-3-57　相同的方法连接上下两条边

（3）选择柜脚位置的四个面，【挤出】40 mm，如图 1-3-58、图 1-3-59 所示。

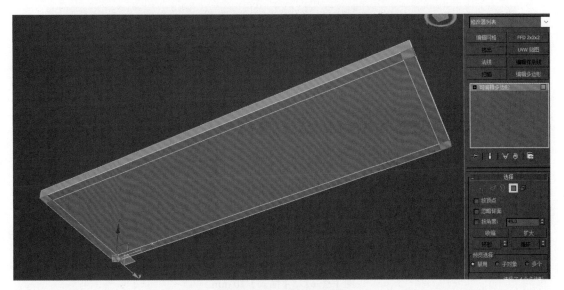

图 1-3-58　选择四个面

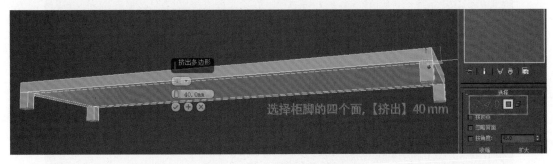

图 1-3-59　【挤出】40 mm

（4）绘制柜体中间部分。执行【编辑多边形】—【面】命令，选择面如图 1-3-60 所示，右击【插入】10 mm，如图 1-3-61 所示，【挤出】8 mm，如图 1-3-62 所示，【倒角】7 mm，如图 1-3-63 所示，【挤出】1 400 mm，如图 1-3-64 所示。

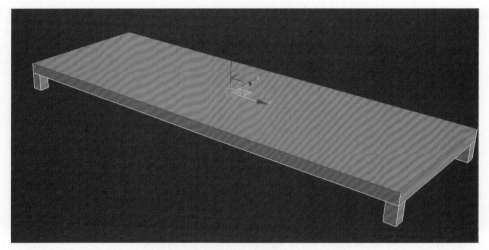

图 1-3-60　选择面

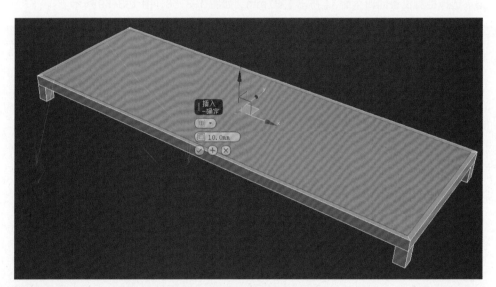

图 1-3-61　【插入】10 mm

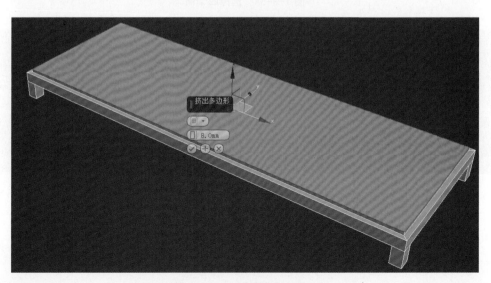

图 1-3-62　【挤出】8 mm

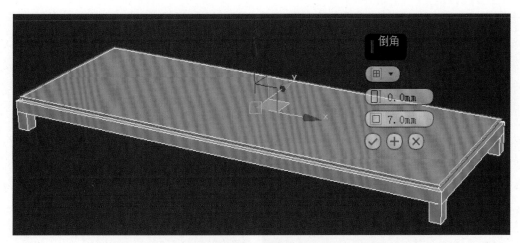

图 1-3-63　【倒角】7 mm

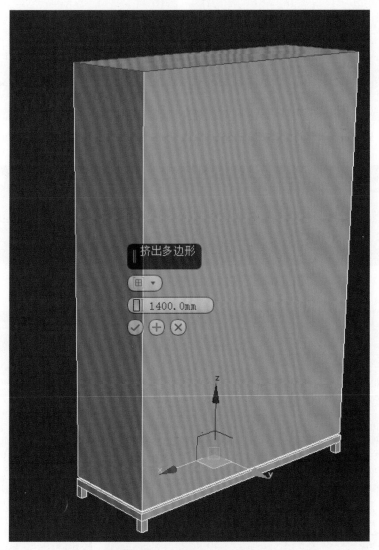

图 1-3-64　【挤出】1 400 mm

（5）绘制柜体上半部分。方法如柜脚布线。【挤出】四个小方柱 400 mm，再【挤出】20 mm，选择相对的两个面，单击【桥】连接，如图 1-3-65 ~ 图 1-3-69 所示。

图 1-3-65　连接边（步骤同柜脚布线一致）

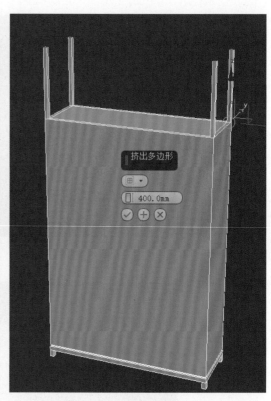

图 1-3-66　【挤出】400 mm

图 1-3-67　选择相对的两个面，单击【桥】

图 1-3-68　完成效果

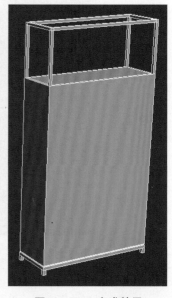

图 1-3-69　完成效果

（6）绘制柜子中间部分造型，【多边形层级】选择前面的面，【插入】20 mm，【挤出】-340 mm，如图 1-3-70、图 1-3-71 所示。

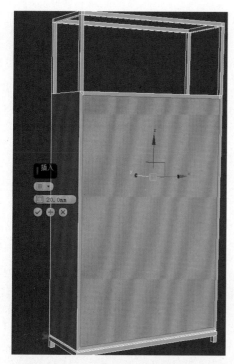

图 1-3-70 选择面，【插入】25 mm

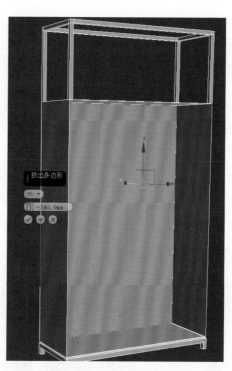

图 1-3-71 【挤出】-330 mm

（7）在创建面板中选择【几何体】中的【平面】，开启【捕捉开关】，在前视图是画一个矩形，长度分段为 1，宽度分段为 2，如图 1-3-72 所示。

选择平面，右击选择【转换为可编辑多边形】，右击【插入】，【按多边形】【插入】，45 mm，得到门的轮廓，如图 1-3-73 所示，右击【挤出】-30 mm，如图 1-3-74 所示。

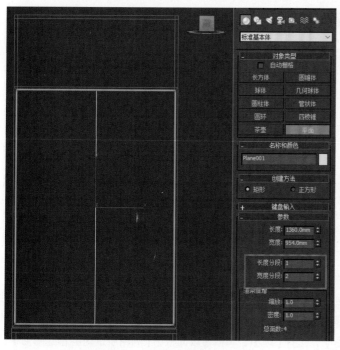

图 1-3-72 创建【平面】

图 1-3-73 【按多边形】【插入】45 mm

（8）制作玻璃部分。选择玻璃位置的两个面，单击【分离】，添加【壳】修改器，【将角拉直】打钩，如图 1-3-75 所示。按组合键 Alt＋X 半透明显示玻璃部分。

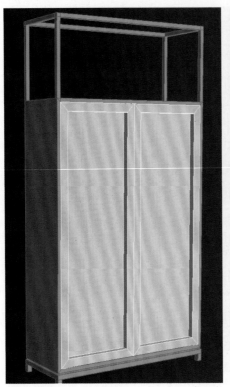
图 1-3-74　【挤出】-30 mm

图 1-3-75　添加【壳】修改器，半透明显示玻璃部分

（9）制作柜门门缝。选择柜门门框、【边】选择两个柜门中间的线，如图 1-3-76 所示，【挤出】-10 mm，3 mm，如图 1-3-77 所示。现在整个柜体基本已经构建出来。

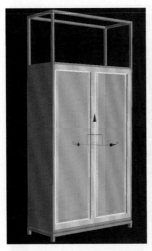
图 1-3-76　选择两个门框
　　　　　中间的边

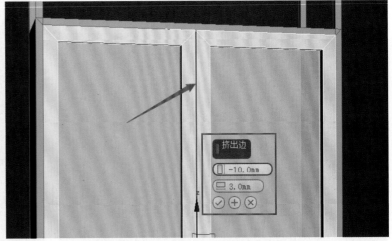
图 1-3-77　【挤出】-10 mm，3 mm

（10）制作栅格，将柜门整体后移 30 mm，留出栅格位置，在前视图绘制【平面】，分段 29，选择平面右击选择【转换为可编辑多边形】，选择【边】，单击修改面板中【利用所选内容创建图形】，

如图 1-3-78 所示。退出编辑器，删除前面创建的平面，留下新创建的图形，如图 1-3-79 所示。
选择新图形，右击选择【转换为可编辑样条线】，勾选【在渲染中启用】【在视口中启用】，选择
【矩形】，长度、宽度为 12 mm，如图 1-3-80 所示。创建横向栅格，选择【竖向栅格】，元素，
选择其中一根木条，复制，旋转，调整位置，柜子就做好了，如图 1-3-81 所示。

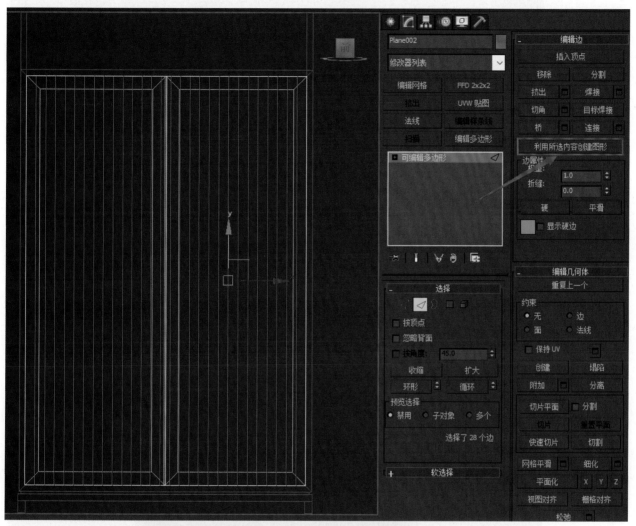

图 1-3-78　　【利用所选内容创建图形】—【线性】

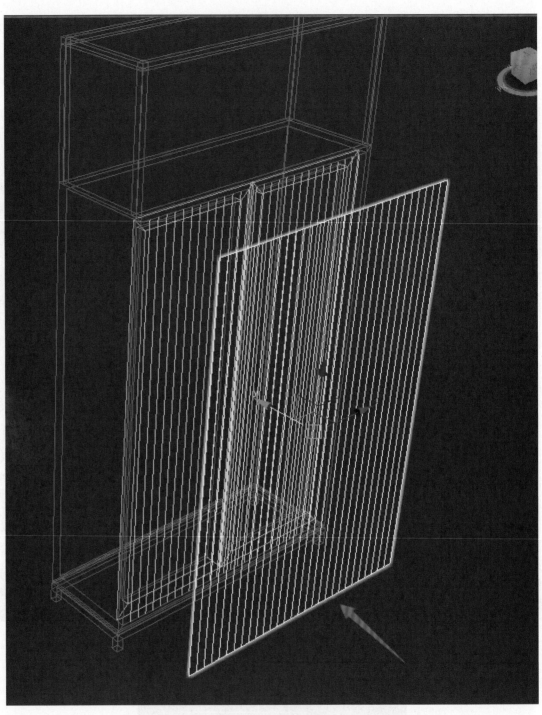

图 1-3-79　删除平面

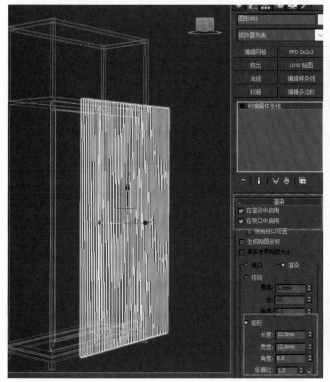

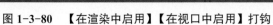

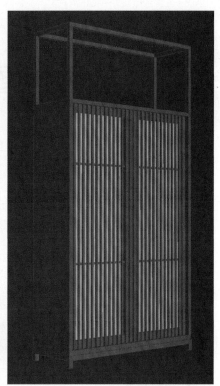

图 1-3-80　【在渲染中启用】【在视口中启用】打钩　　　　图 1-3-81　完成效果

情境小结

本情境主要介绍了 3ds Max 常用的建模方法，重点讲解了基本体建模、二维线条建模以及修改器建模等知识，要求学生熟练运用相关操作技巧及修改方法，为后续的课程学习奠定基础。

职业素养提升

在新中式家具模型的创建过程中，深刻感受其蕴含的传统文化内涵。同时养成严谨细致、专注负责的工作态度，深刻理解以工匠精神为核心的职业精神，既要有严谨、细致、专注、负责的工作态度，精雕细琢、精益求精的工作理念，又要有对职业的认同感、责任感、荣誉感和使命感。

学习情境4 效果图材质表现

知识目标

1. 掌握 3ds Max 室内空间材质知识及材质创建方法。

2. 掌握室内空间常用材质的设置方法。

能力目标

1. 能够熟练运用室内空间常用材质的设置方法。

2. 能够根据图纸要求，对室内空间不同模型进行材质设置。

素养目标

了解效果图材质表现这一岗位所要具备的职业能力，熟悉工作过程，做到严谨细致、精益求精。

材质是指物体的本质特性，即物体的外在颜色、外表纹理、反射程度、折射程度、透明度以及自身的粗糙度、光滑度等。在室内效果图的表现中绘图人员会使用 VRay 材质对空间各物体进行材质设置。VRay 材质是 VRay 渲染器的专属材质，VRay 材质可以通过调整漫反射、反射、折射、凹凸等参数来呈现物体的各种质感，对于室内效果图质感的表现有重要作用。同时，VRay 还有众多丰富的材质库可供使用，能够大大提高绘图人员的作图效率。

4.1 认识 VRay 材质

　　VRay 渲染器提供了一种特殊的材质——VRayMtl，在场景中使用该材质能够获得更加准确的物理照明，更快地进行渲染，参数调节也更方便。【材质编辑器】页面如图 1-4-1 所示。

图 1-4-1　材质编辑器页面

任务 1　了解材质编辑器

材质编辑器分为 Slate 材质编辑器和精简材质编辑器，其中 Slate 材质编辑器中材质和贴图可以关联在一起创建树的结点，如图 1-4-2 所示。精简材质编辑器中包含各种材质的快速预览。

在主工具栏上，【模式】可以选择 Slate 材质编辑器或精简材质编辑器，如图 1-4-3 所示。

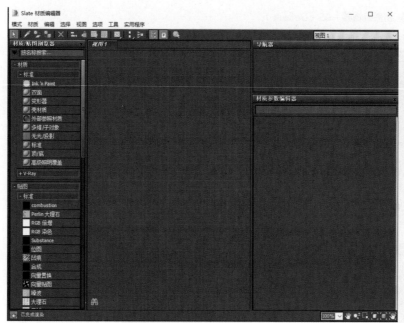

图 1-4-2　Slate 材质编辑器　　　　　　　　　　图 1-4-3　精简材质编辑器

（1）菜单栏：材质编辑器界面顶部的菜单栏，如图 1-4-4 所示。

（2）示例窗：每个示例窗可以预览一种材质，如图 1-4-5 所示。

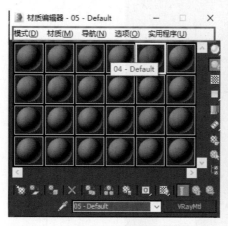

图 1-4-4　菜单栏

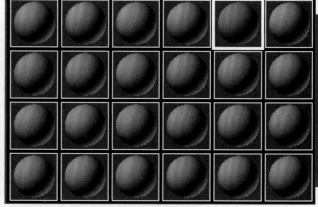

图 1-4-5　示例窗

（3）示例窗下的按钮，如图 1-4-6 所示。

图 1-4-6　示例窗下的按钮

: 获取材质。

: 将材质放入场景。

: 将材质指定给选定对象。

: 重置贴图 / 材质为默认设置。

: 生成材质副本。

: 使唯一。

: 放入库。

: 材质 ID 通道。

: 视口中显示明暗处理材质。

: 显示最终结果。

: 转到父对象。

: 转到下一个同级项。

（4）示例窗右侧的按钮，如图 1-4-7 所示。

: 采样类型。

: 背光。

: 背景。

: 采样 UV 平铺。

: 视频颜色检查。

: 生成预览。

: 选项。

: 按材质选择。

: 材质 / 贴图导航器。

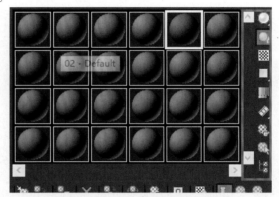

图 1-4-7 示例窗右侧的按钮

任务 2 了解 VRay 常用参数

VRay 常用参数如下。

1. 漫反射

漫反射决定物体的固有色，可以调节物体本身的颜色与图案。

2. 反射

反射：黑色为不反射，白色为完全反射。

高光光泽：调节反射模糊的效果，数值越小越模糊。

菲涅耳反射：具有真实世界中玻璃反射效果。

细分：控制光线的数量，数值越大，效果越真实，渲染速度随之降低。

3. 折射

折射：黑色为不折射，白色为完全折射。

光泽度：控制折射的模糊效果，数值越小越模糊。

折射率：物体的折射率。

细分：控制折射的细分程度，数值越大，效果越真实，渲染速度随之降低。

4. 半透明

半透明：分为硬模型、软模型和混合模型三种。

5. 自发光

自发光：用于控制发光的颜色。

倍增：用于控制自发光的强度。

4.2　效果图表现常用材质制作

视频：木地板材质制作

任务 1　木地板材质制作

漫反射：贴图；反射：160 左右，反光 0.75，【菲涅耳反射】打钩，菲涅耳折射率 1.8；凹凸贴图使用漫反射贴图，如图 1-4-8 所示。

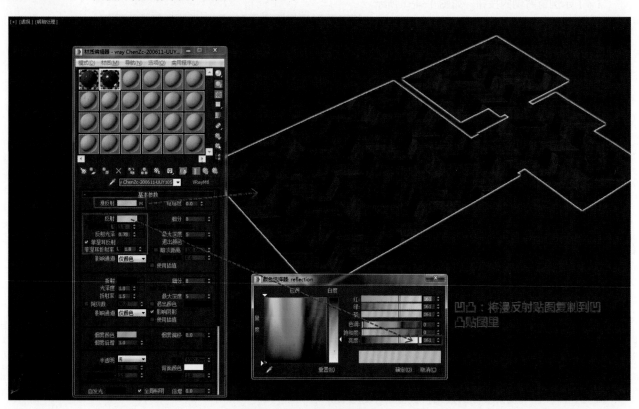

图 1-4-8　木地板材质创建

视频：哑光不锈钢
材质制作

任务 2　哑光不锈钢材质制作

漫反射：亮度 5 左右；反射：R117，G117，B124，反光 0.8，【菲涅耳反射】打钩，如图 1-4-9 所示。

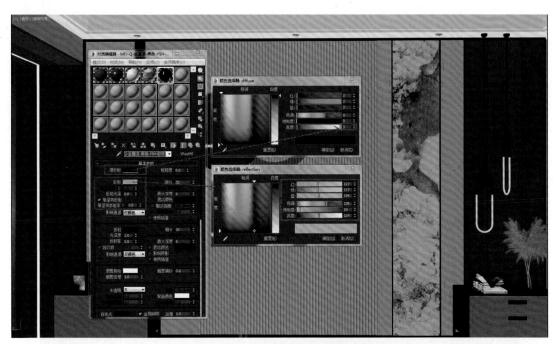

图 1-4-9　哑光不锈钢材质制作

视频：白色乳胶漆
材质制作

任务 3　白色乳胶漆材质制作

漫反射：R97，G89，B86，如图 1-4-10 所示。

图 1-4-10　白色乳胶漆材质制作

视频：岩板材质制作

任务 4 岩板材质制作

漫反射：贴图；反射：衰减，衰减类型为 Fresnel，高光 0.9，反光 1.0，【菲涅耳反射】去钩，如图 1-4-11 所示。

图 1-4-11 岩板材质制作

任务 5 壁纸材质制作

漫反射：贴图；凹凸：贴图，如图 1-4-12 所示。

图 1-4-12 壁纸材质制作

任务 6　玻璃材质制作

漫反射：灰色；反射：255；折射 255；折射率 1.5，如图 1-4-13 所示。

视频：玻璃材质制作

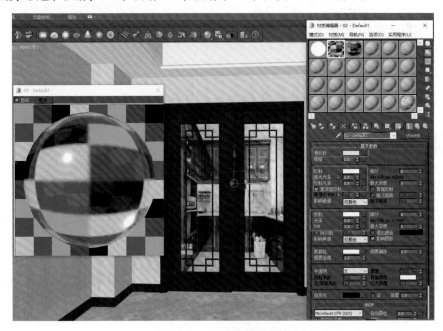

图 1-4-13　玻璃材质制作

任务 7　瓷砖材质制作

漫反射：平铺贴图；反射：255；高光：0.8；光泽（模糊）：0.98；【菲涅耳反射】打钩，如图 1-4-14 所示。

视频：瓷砖材质制作

图 1-4-14　瓷砖材质制作

情境小结

　　材质在效果图中起着至关重要的作用。效果图的渲染一般使用 VRay 渲染器，因此在效果图的材质创建中，应该使用"VRay 材质"进行创建，同时配合灯光。一幅出色的效果图需要恰到好处的灯光效果，3ds Max 中的材质比现实中的材质优越得多，可以随意调节图案、颜色、反射等，可以随意设置它能否反射出物体的投影，还能设置它的透明程度。

　　总之，在制作效果图的过程中，要充分了解材质的属性，结合自己作图的经验，选择合适的渲染方式，才能使画面效果清晰，富有层次与质感。

职业素养提升

　　深刻理解以工匠精神为核心的职业精神，既要有严谨、细致、专注、负责的工作态度，精雕细琢、精益求精的工作理念，又要有对职业的认同感、责任感、荣誉感和使命感。

学习情境5 效果图灯光表现

知识目标

1. 了解室内空间灯光知识。

2. 掌握室内效果图的布光思路。

3. 熟悉 3ds Max 中各种灯光类型的设置方法。

能力目标

1. 能够正确设置各种灯光参数。

2. 能够灵活运用各种灯光类型进行室内空间的布光设置。

素养目标

培养严谨细致、精益求精的精神。

5.1 效果图的灯光布置

任务 1 明确效果图的布光思路

灯光布置是室内效果图表现的难点，一个好的灯光氛围会使效果图富有层次感，甚至可以达到照片级的视觉感。VRay 渲染器所提供的灯光便可模拟现实的灯光效果。

在进行场景的灯光布置时，应明确光的来源和基本的布光思路。室内的光源分为两种，一是室外自然光，包括太阳光和环境光；二是室内人工光，主要来自灯带、吊灯、壁灯、筒灯、射灯等。在了解室内光源的基础上，便可按照布光思路进行灯光布置。室内效果图的布光思路就是先打室外光，再打室内光，哪里有光源就在哪里布置灯光，最后根据画面灯光效果，适当进行补光处理。按照这一布光思路进行灯光布置，效果图画面灯光富有层次，才能有照片级的效果。

任务 2　掌握效果图表现的灯光类型

在 3ds MAX 中，灯光分为标准灯光、光度学灯光以及制作室内效果图必备的 VR 渲染器中的 VRay 灯光。

1. 标准灯光

3ds Max 标准灯光有聚光灯、泛光灯、平行光灯、天光灯四种。

（1）聚光灯又分为目标聚光灯和自由聚光灯。目标聚光灯是一种投射光束，将目标聚光灯投射到物体上，会产生真实的阴影，且可以任意调整光束内的范围。目标聚光灯包含投射点和目标点两个部分，如图 1-5-1 所示。自由聚光灯是一个圆锥形图标，如图 1-5-2 所示。

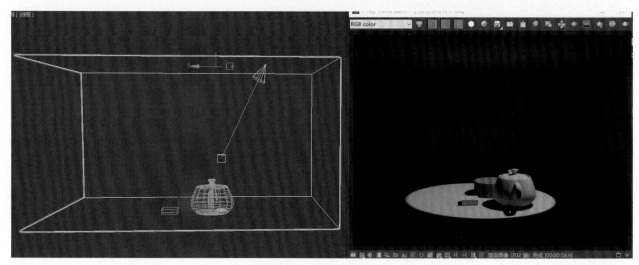

图 1-5-1　目标聚光灯

图 1-5-2　自由聚光灯

（2）泛光灯的主要作用是模拟灯泡、台灯等点光源物体的发光效果，如图 1-5-3 所示。

（3）平行光灯具有方向性和范围性，是沿着一个方向投射平行的光线，照射区域呈圆形，主要用途是模拟太阳光的照射效果，如图 1-5-4 所示。

图 1-5-3 泛光灯

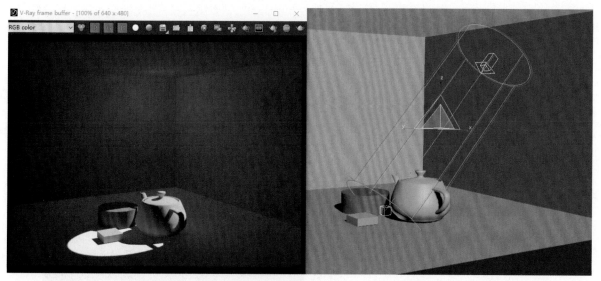

图 1-5-4 平行光灯

（4）天光灯是用于模拟太阳光照射效果的灯光，比较适合使用在室外建筑设计中。

2. 光度学灯光

光度学灯光可以使用生活中标准的灯光参数。光度学灯光可分为目标灯光、自由灯光和 mr 天空入口三种，如图 1-5-5 所示。

（1）目标灯光。目标灯光具有可以用于指向灯光的目标子对象，如图 1-5-6、图 1-5-7 所示。

（2）自由灯光。自由灯光不具备目标子对象，可以通过使用变换瞄准它，如图 1-5-8 所示。

（3）mr 天空入口。mr 天空入口是 3ds Max 灯光对象，它聚集由日光系统生成的天光（相当于直射太阳光）。

图 1-5-5 光度学

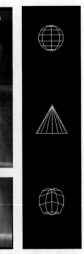

图 1-5-6 目标
灯光

图 1-5-7 光度学目标灯光

图 1-5-8
灯光自由

3.VRay 灯光

VRay 灯光包括 VRayLight（区域光源）、VRayIES（用于模拟真实世界中点光源的工具）、VRayAmbientLight【非特定方向的光（用来模拟天光、GI）】、VRaySun（太阳光），如图 1-5-9 所示。

（1）VRayLight：区域光源，可以模拟平面光、天光、球光、对象光、平面圆形灯，如图 1-5-10、图 1-5-11 所示。

图 1-5-9 VRay 灯光

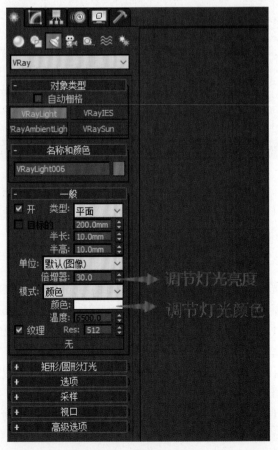

图 1-5-10 VRayLight

图 1-5-11　VRay 平面灯

（2）VRayIES：VRayIES 灯光及其效果如图 1-5-12、图 1-5-13 所示。

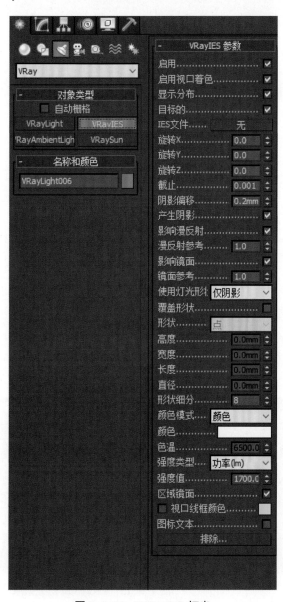

图 1-5-12　VRayIES 灯光

图 1-5-13 VRayIES 灯光效果

（3）VrayAmbientLight：一种特定于 VRay 的光源插件，可用于创建不是来自特定方向的光。

（4）VRaySun：模拟太阳光，如图 1-5-14、图 1-5-15 所示。

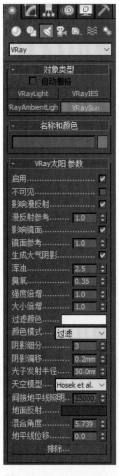

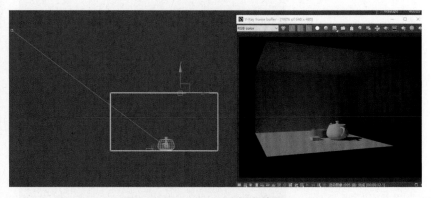

图 1-5-14 VRaySun
灯光

图 1-5-15 VRaySun 灯光效果

5.2　效果图不同类型灯光的表现

任务 1　环境光的表现

在窗口位置布置室外光，可以模拟自然光源。按组合键 Alt+Q 可以将窗户模型孤立显示，在前视图或左视图上，对准窗口创建【VRay 平面灯光】，再将灯光移至窗口外，灯光方向朝向室内，灯光参数：【类型】—平面；【倍增】—16 倍；【模式】—颜色（日景室外光可以偏蓝白色，具体数值参考图 1-5-16、图 1-5-17；夜景室外光可以偏深蓝色）；【选项】—投射阴影、不可见、影响高光打钩。

视频：环境光

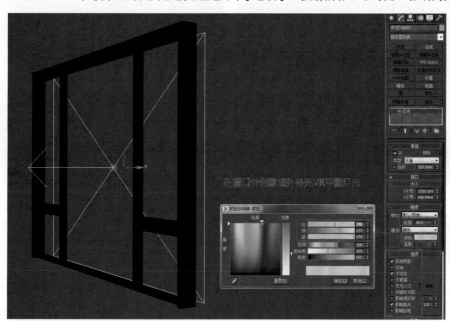

图 1-5-16　室外环境光 1

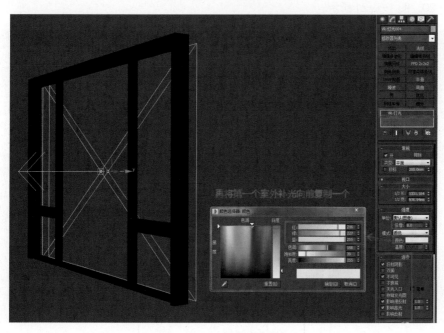

图 1-5-17　室外环境光 2

视频：太阳光

任务 2　太阳光的表现

找到窗户的位置，在左视图或者前视图创建【VRaySun】，打灯时要有一定的倾斜度，从上往下照射。灯光参数：不可见打钩，【浑浊】——2.5，【臭氧】—0.35，【强度倍增／大小倍增】—1，【过滤颜色】—白色，【颜色模式】—覆盖，【天空模型】—Preetham et al，在排除中选择要排除的对象（因为太阳光从窗外照射进来，有些物体会遮挡光线，导致太阳光照射不进屋里，所以要排除一些物体，如外景、窗帘、玻璃等），完成 VRaySun 创建，如图 1-5-18、图 1-5-19 所示。

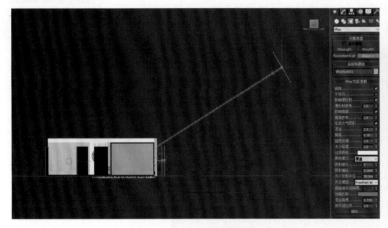

图 1-5-18　创建太阳光

图 1-5-19　太阳光渲染效果

任务 3　灯带光的表现

按组合键 Alt+Q 将天花灯模型孤立显示，找到天花灯槽位置，在顶视图上对应灯槽位置创建【VRay 平面灯光】，灯光参数：【类型】—平面；【倍增】—6.5 倍；【模式】—颜色（灯带光可以偏暖黄，具体数值参考截图）；【选项】—投射阴影、不可见、影响漫反射、影响高光、影响反射打钩；如图 1-5-20、图 1-5-21 所示。

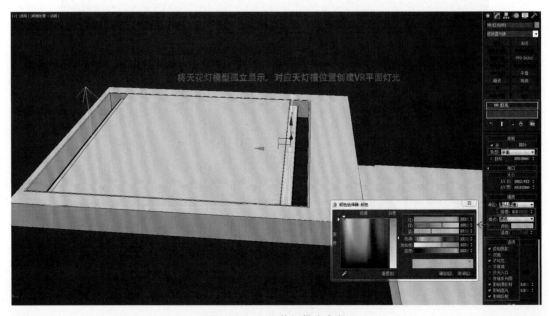

图 1-5-20　天花灯带光参数

图 1-5-21　灯带光源测试

任务 4　台灯 / 壁灯灯光的表现

按组合键 Alt+Q 将台灯模型孤立显示，找到灯光位置，在顶视图上对应灯槽位置创建【VRay 平面灯光】。灯光参数：【类型】—球体；【倍增】—150 倍；【模式】—颜色（灯带光可以偏暖黄，具体数值参考截图）；【选项】—投射阴影、不可见、影响漫反射、影响高光、影响反射打钩，如图 1-5-22、图 1-5-23 所示。

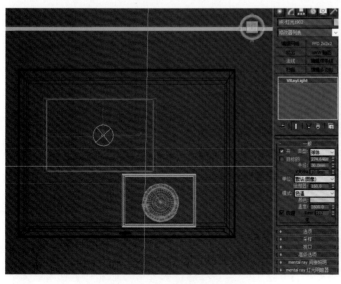

图 1-5-22　创建台灯灯光

图 1-5-23　台灯灯光渲染效果

视频：射灯灯光

任务 5　射灯灯光的表现

找到灯光位置，在前视图上对应射灯位置创建【VRayIES 灯光】，灯光参数中添加 IES 灯光文件；灯光颜色以及灯光强度可根据效果图测试效果调节，如图 1-5-24、图 1-5-25 所示。

图 1-5-24　创建射灯

图 1-5-25　射灯灯光渲染效果

情境小结

灯光在效果图中起着举足轻重的作用。效果图的渲染一般使用 VRay 渲染器，因此在效果图的灯光布置中，应该使用 VRay 灯光进行布光，同时配合标准灯光和光度学灯光。无论使用哪一种类型的灯光，最终的目的是得到一个真实而生动的效果。一幅出色的效果图需要恰到好处的灯光效果，3ds Max 中的灯光比现实中的灯光优越得多，可以随意调节亮度、颜色，可以随意设置它能否穿透对象或是投射阴影，还能设置它要照亮哪些对象而不照亮哪些对象。

总之，在制作效果图的过程中，我们要充分了解灯光的属性，结合自己作图的经验，选择合适的渲染方式，让效果图的灯光效果充满魅力，使画面效果清晰、富有层次与质感。

职业素养提升

养成严谨细致、专注负责的工作态度，深刻理解以工匠精神为核心的职业精神，既要有严谨、细致、专注、负责的工作态度，精雕细琢、精益求精的工作理念，又要有对职业的认同感、责任感、荣誉感和使命感。

学习情境6 效果图构图与摄影机设置

知识目标

1. 了解效果图的构图。
2. 理解摄影机的重要参数。

能力目标

1. 学会构图的基本方法。
2. 学会摄影机的常规打法。
3. 能够从美学的角度分析效果图作品的构图。

素养目标

提升审美水平。

在 3ds Max 中模型制作完成后，就需要设置摄影机，固定角度，此时应考虑构图问题。效果图的构图可以理解为摄影机的三维模拟，它包含了技术和艺术两个层面，技术层面是指摄影机的打法，艺术层面是指构图的美感，这就需要掌握基础的构图理念。构图是效果图作品成败的因素之一。

6.1 效果图的构图

任务 1 了解效果图的构图原则

效果图是摄影的三维模拟，属于视觉作品，效果图的制作应遵守摄影构图的法则。构图要讲究和谐统一、关系平衡。一张好的室内效果图作品其构图应满足如下两点。

1. 构图应明确表现主体

效果图的构图要明确体现表现主体，即要突出表现的重点，常见的表现主体有家具、背景墙造型、空间整体布局等，这些主体应是画面的视觉中心，如图 1-6-1、图 1-6-2 所示。

图 1-6-1　客厅构图　　　　　　　　　　　图 1-6-2　卧室构图

2. 画面平衡和谐、比例协调

效果图画面要稳，不能失衡。这就要求摄影机的位置合理。如果镜头过高，或镜头过低，都会使画面失衡，如图 1-6-3、图 1-6-4 所示。摄影机过近，画面缺少景深，如图 1-6-5 所示；摄影机过远，无法体现空间表现主体，如图 1-6-6 所示。摄影机镜头运用得不合理，如拉伸过度，则会引起物体变形、比例失调，无法正确表现空间比例，如图 1-6-7 所示。

图 1-6-3　镜头过高　　　　　　　　　　　图 1-6-4　镜头过低

图 1-6-5　摄影机过近　　　　　图 1-6-6　摄影机过远　　　　　图 1-6-7　摄影机镜头拉伸过度

任务 2　了解效果图的构图比例

效果图常用的构图比例有横向构图和竖向构图两种形式。采取哪种形式的构图要根据室内空间表现的需要。

1. 横向构图

横向构图简称横构图，即输出大小的图像纵横比大于 1。横构图是效果图中最常用的构图。制图中可以根据画面表现的具体情况进行比例和输出大小的设置。在全景图的制作中，输出比例必须调整为 2∶1。

2. 竖向构图

竖向构图简称竖构图，即输出大小的图像纵横比小于 1。竖向构图在室内效果图中也是一种比较常用的构图比例。竖向构图适合表现高度较高或纵深较大的空间。制图中可以根据画面表现的具体情况进行比例和输出大小的设置。

效果图的构图比例及画面大小可以在【渲染设置】面板进行设置。按 F10 键打开【渲染设置】面板，在【公用参数】中可以进行【输出大小】的设置，如图 1-6-8 所示，红框中的宽度及高度就是【摄影机视口】的显示范围，可以根据构图的需要调整视口的大小。

视频：了解效果图的构图比例

图 1-6-8 输出大小设置

6.2 摄影机设置

在 3ds Max 中制作模型完成后，就需要根据画面表现设置摄影机以固定观看角度，确定画面构图。好的构图能够提升效果图画面的美感。3ds Max 自带的目标摄影机是室内效果图常用的摄影机。

任务 1 了解摄影机的分类

3ds Max 中的【摄影机】分为三种类型：【目标摄影机】【自由摄影机】和【物理摄影机】。在【创建】命令面板中的【摄影机】类别下可以找到以下三种类型的摄影机，如图 1-6-9 所示。

1.【目标摄影机】

【目标摄影机】是室内效果图比较常用的摄影机。【目标摄影机】包含【摄影机】和【目标控制点】两个对象，如图 1-6-10 红框所示，【目标控制点】的作用是控制摄影机观看的角度。

视频：摄影机的分类

图 1-6-9 摄影机类型

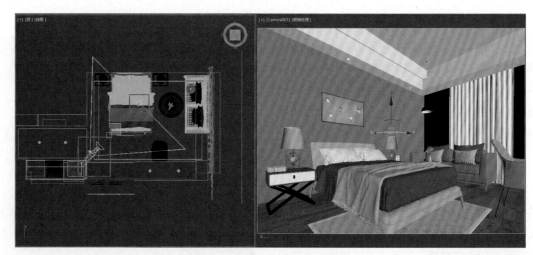

图 1-6-10 创建【目标摄影机】

2.【自由摄影机】

【自由摄影机】相对于【目标摄影机】来说没有目标控制点，不方便摄影机角度的调整，在制作室内效果图时很少使用，一般在制作动画时使用。

3.【物理摄影机】

【物理摄影机】相当于一个单反摄影机，参数相对复杂。它可以调节光圈、快门等，还可以添加焦散、景深、运动模糊等效果。

任务 2 了解摄影机的重要参数

（1）【镜头（mm）】。镜头是用来调整场景范围的，可以在【镜头】参数面板中进行设置：数值越小，视野越广，称为广角；数值越大，观看范围越远，视野越窄，称为长焦，如图 1-6-11 所示。正常情况下，使用 20~35 mm 的镜头。20 mm 镜头的构图效果如图 1-6-12所示，35 mm 镜头的构图效果如图 1-6-13 所示。

图 1-6-11 摄影机镜头参数

图 1-6-12 20 mm 镜头的构图

图 1-6-13 35 mm 镜头的构图

（2）【剪切平面】。通过使用摄影机的【剪切平面】，可以达到在墙外就能看到墙内物体的效果，【剪切平面】分为【近距剪切】和【远距剪切】，如图 1-6-14 所示。勾选【手动剪切】以后，只有在近距和远距两条红线范围内的物体才能被看到，其他位置的物体是看不见的，如图 1-6-15 所示，要确保【远距剪切】位于窗户外景之外，【近距剪切】不能裁剪到物体。

图 1-6-14　【剪切平面】

图 1-6-15　剪切范围

任务 3　创建并调整摄影机

在创建摄影机前，需要先进行分析，根据表现主体和构图需要，确定摄影机的位置和角度，以保证渲染出来的效果图符合构图要求。

（1）激活顶视图：将视图切换到顶视图，任何场景在打摄影机时，最好都切换到顶视图。

（2）创建目标摄影机：在【创建】面板中选择【摄影机】面板，选择【标准】摄影机下的【目标】摄影机，如图 1-6-16 所示。在图 1-6-17 所示位置，单击空白处，拖出摄影机，即创建了一个目标摄影机。

视频：创建并调整摄影机

图 1-6-16　目标摄影机

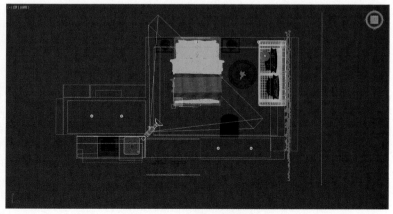

图 1-6-17　创建目标摄影机

（3）切换摄影机视图：摄影机拖动创建完成之后，在透视图中，按快捷键 C 键，将【透视图】切换到【摄影机视图】，来观察摄影机效果，如图 1-6-18 所示。同时，按快捷键 Shift+F 打开摄影机视图的安全框，安全框所表示的范围就是渲染出图的范围。

（4）调整摄影机位置和目标点位置：切换到摄影机视图后，可在其他视图中对摄影机的位置进行调整，调整后的效果可以在【摄影机】视图实时查看。在顶视图中创建的摄影机，默认高度为 0，需要对摄影机的高度进行调节，分别选中摄影机和目标点，将高度调整至 900~1 200 mm 的数值。同时，可以移动摄影机的目标点调整镜头的角度，从而调整好合适的构图，如图 1-6-19 所示。

图 1-6-18 切换摄影机视图

图 1-6-19 调整后的摄影机视图

（5）修改镜头数值：根据场景需要，修改摄影机的镜头数值，数值越小，观看的范围越大，室内效果图常用镜头数值是 20~35 mm。

（6）添加剪切平面：根据场景空间结构，确定是否需要打开【剪切平面】，如果打开，要确保【远距剪切】位于窗户外景之外的地方，【近距剪切】不能裁剪到物体。

（7）微调摄影机视图：切换到摄影机视图，根据安全框的比例需要进行微调。此时，可以借助摄影机视图控制按钮，如图 1-6-20 所示，来调整摄影机的位置，分别有摄影机的推拉、平移、旋转等操作。

图 1-6-20 摄影机视图控制按钮

情境小结

本情境主要讲解了室内效果图的构图原则、构图比例，以及摄影机的类型、参数及摄影机的设置方法。在制作室内效果图时，我们可以通过对摄影机的高度、角度、镜头等参数来调整好构图，从而达到画面完整、构图比例协调并能够突出表现重点。

职业素养提升

具备良好的审美品位，能够提升我们生活的质感，能够给我们带来视觉上和精神上的享受。在效果图表现中，物体质感的逼真以及光影的层次是表现的重点，但要完美地呈现出来自然离不开好的构图。这就要求效果图制图人员在掌握摄影机的设置方法与技巧的同时，不断提升自身的审美水平，将符合美学标准的构图运用到效果图的制作中。

学习情境7 | 效果图渲染设置

知识目标

1. 认识 VRay 渲染器。

2. 理解 VRay 渲染器的工作流程。

能力目标

1. 能够正确设置 VRay 渲染器的测试渲染参数。

2. 能够正确设置 VRay 渲染器的出图渲染参数。

素养目标

差之毫厘，失之千里。在调整渲染参数时，一定要严谨、认真，否则即使一个参数设置不准确，也会影响整张图的渲染效果。严谨、细致的工作态度是效果图表现从业者的基本素养，因此作图者应具有严谨、认真的精神。

7.1　VRay 渲染器的出图流程

任务1　认识 VRay 渲染器

VRay 渲染器是由 CHAOS GROUP 和 ASGVIS 公司出品的一款高质量渲染软件，它是业界最受欢迎的渲染引擎之一。VRay 渲染器强大且方便的参数设置面板，在作图中可以根据需要快速设置，以把握图像质量与渲染时间的关系。

相对于 3ds Max 自身的渲染器，VRay 渲染器具有以下特点。

（1）表现真实 :VRay 渲染器可以达到照片级别、电影级别的渲染效果。其材质、灯光和阴影的表现非常真实。

（2）应用广泛：VRay 支持 3ds Max、Maya、SketchUp、Rhino 等多种三维软件，深受设计师的喜爱，被广泛应用于室内外效果图表现、产品设计、景观设计表现、影视动画以及建筑动画等领域。

（3）效率高：VRay 渲染器的诸多渲染参数设置决定了渲染图像的质量和渲染速度，在实际制图中，可以根据需要适当调整参数的高低，从而把握渲染质量与渲染速度的关系，提高作图效率。

任务 2　VRay 渲染器的出图流程

VRay 渲染器的出图流程分为测试阶段和出图阶段两个阶段。

（1）测试阶段的任务：在测试阶段首先是设定测试渲染参数，然后进行场景的灯光布置和场景材质设置，进而测试渲染场景效果，也就是常说的渲染小图。此阶段重在快速查看整体布光效果，渲染参数往往设置较低。

（2）出图阶段的任务：在测试阶段效果满意之后，将会提高渲染参数及输出大小，以保证渲染图像的质量，也就是常说的渲染大图。

7.2　渲染参数设置

视频：渲染参数设置

在进行渲染参数设置时，首先将渲染器设置成 VRay 渲染器，默认的是扫描线渲染器。按快捷键F10 打开【渲染设置】面板，将【渲染器】由【默认扫描线渲染器】更改为【V-Ray Adv 3.60.03】，如图 1-7-1 所示。

图 1-7-1　渲染器设置为 VRay 渲染器

根据 VRay 渲染器的出图流程，在测试阶段需要把参数调整为测试参数以保证渲染速度，在出图阶段需要把参数调整为大图参数以保证画面质量。

任务 1　设定测试渲染参数

在为场景布置灯光及设置材质之前，需要将渲染参数降低，这样可以提高渲染速度，快速查看测试效果，方便、及时调整修改。这样的低参数称为测试参数。

测试渲染参数在【公用】【V-Ray】【GI】【设置】四个面板（图 1-7-2）中分别进行设置。

1.【公用】面板下的测试参数设置

在【公用】面板下的【公用参数】中更改【输出大小】，如图 1-7-3 所示，调整宽度和高度，测试参数可以选择 640 mm×480 mm，也可以根据构图需要设置相应的尺寸，一般设置偏低，其他保持默认，以节省渲染时间，快速查看渲染效果。

图 1-7-2 【渲染设置】面板

图 1-7-3 【公用】面板下的测试参数设置

2.【V-Ray】面板下的测试参数设置

（1）在【帧缓冲】卷展栏中同时勾选【启用内置帧缓冲区（VFB）】【内存帧缓冲区】【从 MAX 获取分辨率】，如图 1-7-4 所示。

（2）在【全局开关】中将默认模式更改为专家模式，【默认灯光】选择【和 GI 一起关闭】，具体参数设置如图 1-7-5 所示。

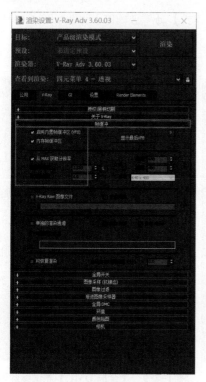

图 1-7-4 【帧缓冲】设置

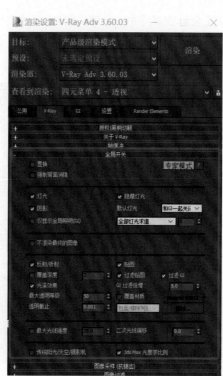

图 1-7-5 【全局开关】测试设置

（3）在【图像采样（抗锯齿）】卷展栏中，将默认模式改为【专家模式】，【类型】选择【块】，具体参数设置如图 1-7-6 所示。

（4）在【图像过滤】卷展栏中，取消勾选【图像过滤器】，如图 1-7-7 所示。

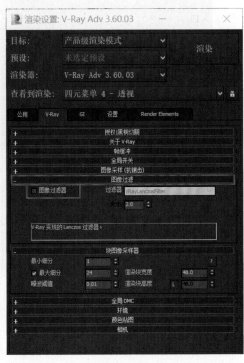

图 1-7-6　【图像采样（抗锯齿）】测试参数设置　　**图 1-7-7　【图像过滤】测试参数设置**

（5）在【块图像采样器】中，【最小细分】设置为 1，【渲染块宽度】设置为 16.0。具体参数如图 1-7-8 所示。

（6）在【全局 DMC】中，将默认模式改为【高级模式】，【噪波阈值】设置为 0.01，具体参数如图 1-7-9 所示。

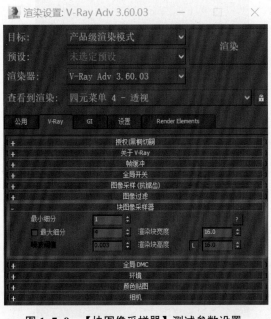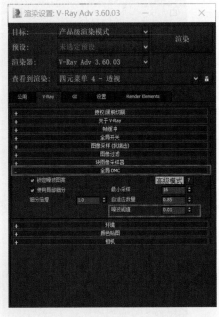

图 1-7-8　【块图像采样器】测试参数设置　　**图 1-7-9　【全局 DMC】测试参数设置**

（7）【环境】卷展栏内参数保持默认设置即可，如图 1-7-10 所示。

（8）在【颜色贴图】卷展栏中，将默认模式改为【专家模式】，【类型】设置为【指数】，如图 1-7-11 所示。

图 1-7-10　【环境】测试参数设置　　　图 1-7-11　【颜色贴图】测试参数设置

（9）【相机】卷展栏中的参数设置保持默认即可，如图 1-7-12 所示。

3.【GI】面板下的测试参数设置

（1）在【GI】面板下的【全局光照】卷展栏中勾选【启用 GI】，将默认模式改为专家模式，【首次引擎】选择【发光贴图】，【二次引擎】选择【灯光缓存】，其他保持默认，具体参数如图 1-7-13 所示。

图 1-7-12　【相机】参数设置　　　图 1-7-13　【全局光照】测试参数设置

（2）在【发光贴图】卷展栏中，将默认模式改为【专家模式】,【当前预设】选择【非常低】,【细分】设置为 20,【插值采样】设置为 20，勾选【显示计算阶段】，具体参数设置如图 1-7-14 所示。

（3）在【灯光缓存】卷展栏中，将默认模式改为【专家模式】,【细分】设置为 200，具体参数设置如图 1-7-15 所示。

图 1-7-14　【发光贴图】测试参数设置　　图 1-7-15　【灯光缓存】测试参数设置

（4）【焦散】卷展栏内参数保持默认即可，如图 1-7-16 所示。

4.【设置】面板下的测试参数设置

将【设置】面板下【系统】卷展栏中的【动态内存限制（MB）】设置为 4 000～6 000，其他参数保持默认设置即可，如图 1-7-17 所示。

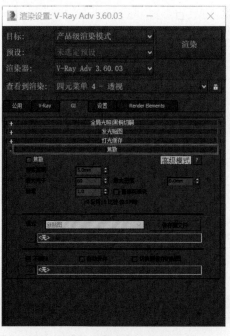 

图 1-7-16　【焦散】参数设置　　　　　图 1-7-17　【系统】参数设置

任务 2　设置大图渲染参数

当测试完灯光、材质效果后，需要进行最终的大图渲染。此时要把渲染参数提高，以保证出图质量。大图的出图参数是在测试参数的基础上进行调整的。

1.【公用】面板下的大图参数设置

（1）在【公用】面板下的【公用参数】中更改【输出大小】，调整宽度和高度尺寸。为保证最终出图图像质量，一般设置较大尺寸，可以根据构图需要设置相应的尺寸，如 2 500×1 875、6 000×3 000 等，如图 1-7-18 所示。

（2）在【公用】面板下的【公用参数】中设置【渲染输出】，单击【文件】设置保持路径、文件名称及文件类型，并勾选【保存文件】，如图 1-7-19 所示。

图 1-7-18　更改【输出大小】

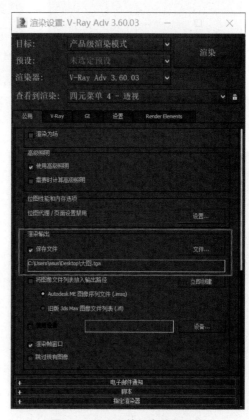

图 1-7-19　文件保存路径设置

2.【V-Ray】面板下的大图参数设置

（1）在【图像过滤】卷展栏中勾选【图像过滤器】，过滤器类型选择【Catmull-Rom】，如图 1-7-20 所示。

（2）在【块图像采样器】中，【最小细分】设置为 1，【最大细分】设置为 24，【噪波阈值】设置为 0.003，具体参数如图 1-7-21 所示。

（3）在【全局 DMC】中，将默认模式改为【高级模式】，【最小采样】设置为 16，【自适应数量】设置为 0.8，【噪波阈值】设置为 0.005，具体参数设置如图 1-7-22 所示。

3.【GI】面板下的大图参数设置

（1）GI：将默认模式改为【专家模式】，全局照明设置如图 1-7-23 所示。

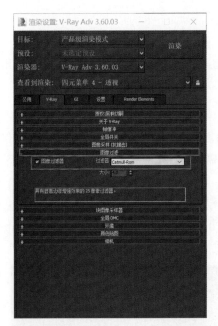

图 1-7-20　【图像过滤】大图参数设置

图 1-7-21　【块图像采样器】大图参数设置

图 1-7-22　【全局 DMC】大图参数设置

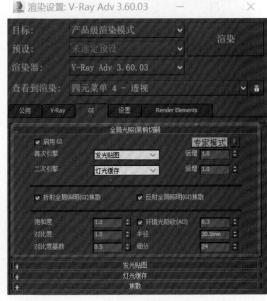

图 1-7-23　【全局照明】大图参数设置

（2）在【发光贴图】卷展栏中，将默认模式改为【专家模式】，【当前预设】选择【中】，【细分】设置为 80，【插值采样】设置为 50，具体参数如图 1-7-24 所示。

（3）在【灯光缓存】卷展栏中，将默认模式改为【专家模式】，【细分】设置为 1 500，具体参数设置如图 1-7-25 所示。

小贴示： 测试参数和出图参数可以分别保存为预设文件，当需要进行测试渲染或大图渲染时，直接调用相应的预设文件。

图 1-7-24 【发光贴图】大图参数设置

图 1-7-25 【灯光缓存】大图参数设置

情境小结

本情境主要讲解了 VRay 渲染器的特点、出图流程，并分别详细介绍了测试渲染参数和出图渲染参数的具体设置。在实际制图中，我们可以根据空间表现具体情况和电脑自身配置合理设置渲染参数，以达到渲染速度和渲染质量的平衡。

职业素养提升

《礼记·经解》："《易》曰：'君子慎始，差若毫厘，谬以千里。'"意思是很微小的疏忽，结果会造成很大的错误或损失。我们在平时一定要重视细节。毫、厘虽是两种极小的长度单位，但有时稍微出现一点差错，就会造成很大的错误。

在调整渲染参数时，一定要严谨、认真，否则一个参数设置不准确，就会影响整张图的渲染效果。严谨、细致的工作态度是效果图表现从业者的基本素养，因此作图者应具有严谨、认真的工匠精神。

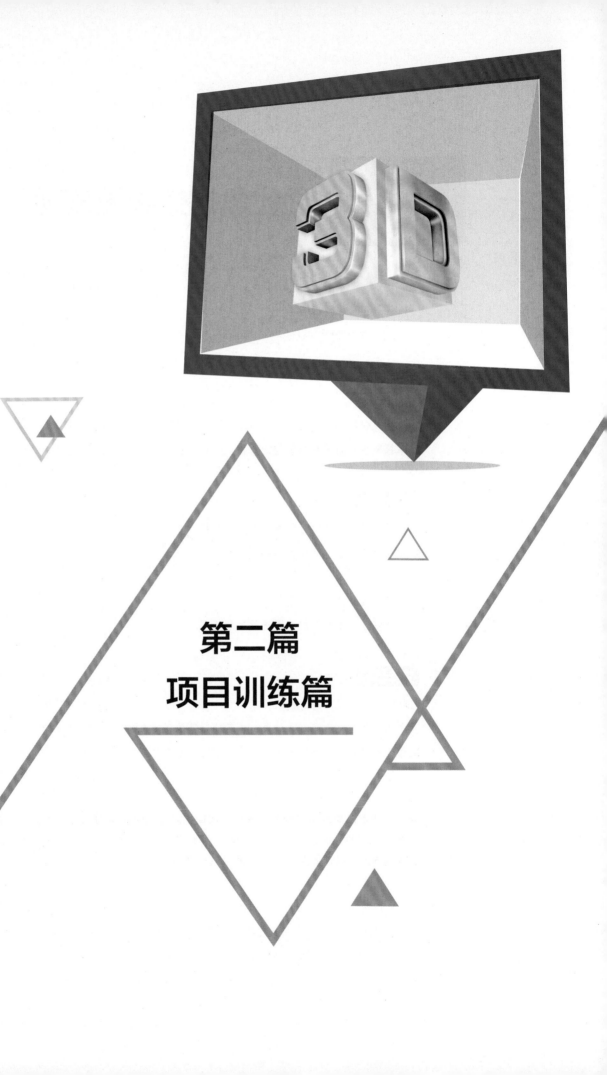

第二篇
项目训练篇

项目训练1 现代风格效果图表现

知识目标

1. 熟悉现代风格室内空间的造型特征、色彩搭配、常用材料等。

2. 掌握室内空间效果图制作的流程。

能力目标

1. 能够读懂施工图并进行效果图项目分析。

2. 能够准确建立空间模型和陈设模型。

3. 能够准确进行场景材质设置与赋予。

4. 能够准确进行灯光布置。

5. 能够快速出图并对渲染图进行后期处理。

素养目标

1. 把握行业发展动态与技术体系。

2. 积累构图、材质、灯光效果、色调处理等效果图表现的工作技能与经验。

3. 培养沟通能力，为成为技术、沟通、职业素养并重的综合型人才奠定基础。

　　现代风格是以简约为主的装修风格，而简约风格的特色是将设计的元素、色彩、照明、原材料简化到最少的程度，但对色彩、材料的质感要求很高。因此，简约的空间设计通常能达到以少胜多、以简胜繁的效果，如图2-1-1～图2-1-4所示。

图 2-1-1　现代风格客厅效果图（1）

图 2-1-2　现代风格客厅效果图（2）

图 2-1-3　现代风格卧室效果图（1）

图 2-1-4　现代风格卧室效果图（2）

1.1　现代风格公寓项目分析

　　本项目案例为公寓样板间效果图设计，是典型的公寓户型结构（图 2-1-5 ～图 2-1-7）。空间面积为 20 平方米左右，面积虽小，但功能俱全。案例定位为现代风格，以灰色、白色为主色调，局部软装搭配亮色，凸显空间层次，营造现代风格的时尚感。

图 2-1-5　现代风格公寓全景图

图 2-1-6 现代风格公寓效果图

图 2-1-7 现代风格公寓全景
漫游二维码

1.2 公寓空间模型创建

  制作任一室内空间的效果图都要从建模入手，本公寓空间的模型创建分为墙体框架模型、地面模型、吊顶模型、立面模型以及家具软装模型五个部分，见表 2-1-1。

  在进行空间模型创建前，需要对 CAD 设计图纸进行整理。在 CAD 软件中，打开设计图纸，通过写块的方式，将需要导入 3ds Max 中的平面布置图、立面布置图、吊顶布置图等分别单独保存，以方便在 3ds Max 建模过程中根据需要选择并导入相对应的图纸。在导入 CAD 图纸前，还需要在 3ds Max 中进行建模前的场景设置，主要是单位设置。

表 2-1-1 公寓空间模型创建任务

任务描述	完成后示意图
任务 1 墙体框架模型创建	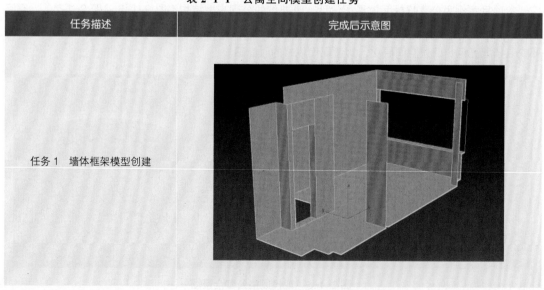

续表

任务描述	完成后示意图
任务 2　地面模型创建	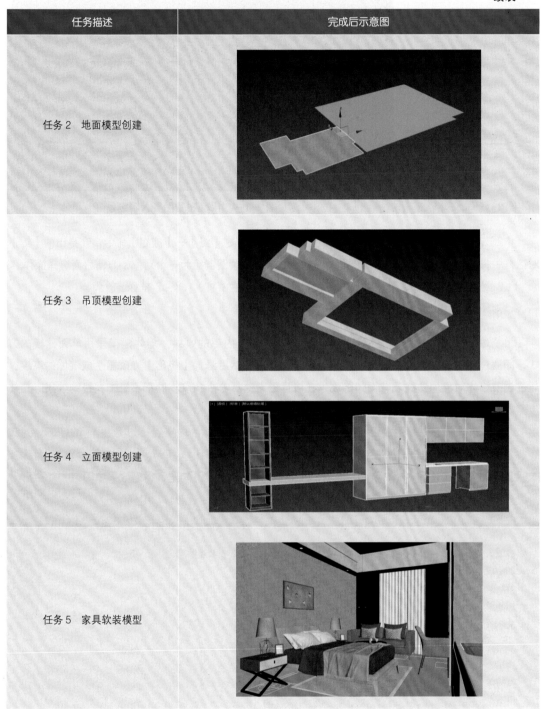
任务 3　吊顶模型创建	
任务 4　立面模型创建	
任务 5　家具软装模型	

任务 1　墙体框架模型创建

1. 导入公寓空间 CAD 平面布置图

（1）单击软件左上角图标，如图 2-1-8 所示，选择【导入】，将公寓空间平面布置图导入场景中，如图 2-1-9 所示。

视频：墙体框架模型
创建

图 2-1-8　文件导入

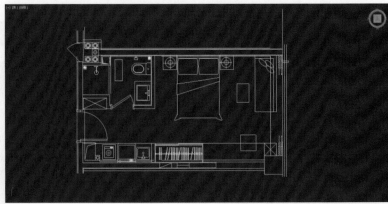

图 2-1-9　平面布置图导入到场景

（2）在顶视图中框选所导入的 CAD 图纸，执行菜单栏【组】—【成组】命令，在弹出的【组】对话框中将组命名为"平面布置图"，将 CAD 平面布置图群组为一个对象，方便后面选择操作。

（3）选择"平面布置图"，激活移动工具，在状态栏中将 X、Y、Z 坐标值改为零。

2. 创建墙体框架模型

为了达到无论从哪个角度都可以通过墙体看到场景内部的效果，墙体建模采用单面建模的方式，即通过使用【捕捉】工具进行墙体内墙线的描绘，然后添加【挤出】修改器生成墙体的高度，通过调节墙体对象的法线及背面消隐属性，以达到无论从哪个角度观看都不影响视线的效果。具体步骤如下：

（1）墙体创建。在顶视图中，通过【捕捉】工具绘制墙体的内墙线，如图 2-1-10 所示。对该线条添加【挤出】修改器，【挤出】高度为 3 000 mm，如图 2-1-11 所示。对挤出后的墙体对象添加【法线】修改器。如图 2-1-12 所示，将其对象属性的【背面消隐】勾选，得到效果如图 2-1-13 所示。为进一步编辑窗洞和门洞，在此需要将墙体对象转换为可编辑多边形。

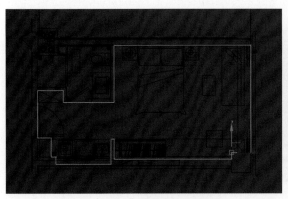

图 2-1-10　绘制墙体的内墙线

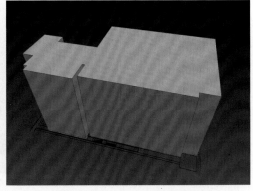

图 2-1-11　【挤出】墙体高度

（2）门洞创建。选择如图 2-1-14 所示的 4 条边，即两个门洞的两边，右击执行【连接边】命令，如图 2-1-15 所示。调节连接边的高度为 2 100 mm，如图 2-1-16 和图 2-1-17 所示。选择如图 2-1-18 所示的面，单击右键执行【挤出】命令，【挤出】厚度为 -200 mm，并将挤出后的面删除，得到门洞造型，如图 2-1-19 所示。

图 2-1-12　修改对象属性

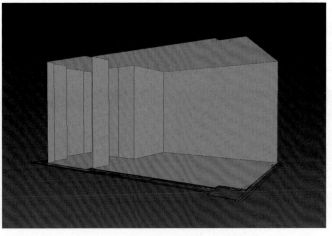

图 2-1-13　【背面消隐】后的墙体

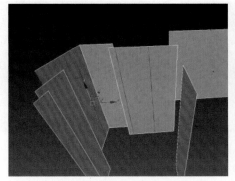

图 2-1-14　选择门洞的两边

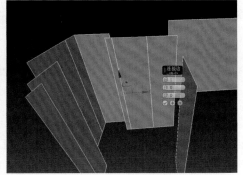

图 2-1-15　连接边

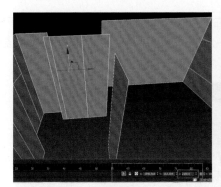

图 2-1-16　调节 Z 轴高度

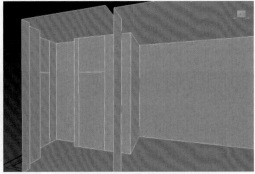

图 2-1-17　门洞高度

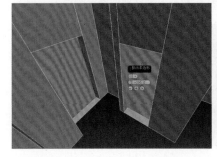

图 2-1-18　【挤出】门洞厚度

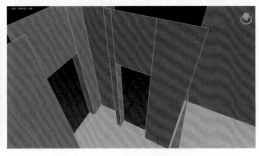

图 2-1-19　删除挤出后的面

（3）窗洞创建。选择如图 2-1-20 所示的两条边，执行【连接边】命令，如图 2-1-21 所示。分别调节连接出来的两条边的高度，如图 2-1-22 所示。选择图 2-1-23 中所示的面，执行【挤出】命令，【挤出】窗洞的厚度为 -200 mm，如图 2-1-24 所示。挤出后将面删除，得到窗洞造型，如图 2-1-25 所示。

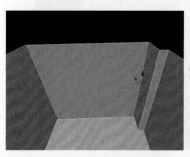
图 2-1-20　选择墙体两侧的边

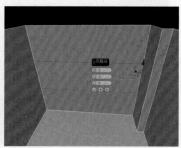
图 2-1-21　连接边

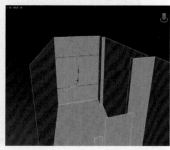
图 2-1-22　调节两条边的高度

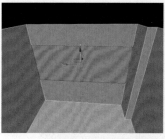
图 2-1-23　选择窗洞的面

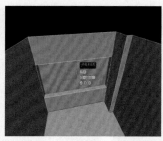
图 2-1-24　【挤出】窗洞的厚度

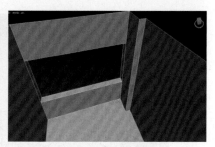
图 2-1-25　窗洞造型

任务 2　地面模型创建

视频：地面模型创建

　　选择如图 2-1-26 所示的面，执行【分离】命令，在弹出的对话框中命名"地面"。为便于观察，分离后可修改颜色，如图 2-1-27 所示。选择如图 2-1-28 所示的点，单击右键执行【连接】命令。根据地面材质不同，进一步将地面模型进行分离，如图 2-1-29 所示。

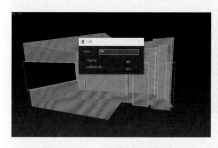
图 2-1-26　分离地面模型

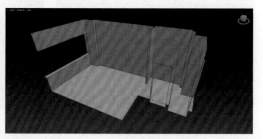
图 2-1-27　更改地面模型颜色

图 2-1-28　连接点

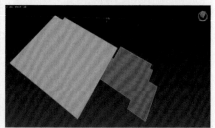
图 2-1-29　根据不同材质分离地面模型

任务 3　吊顶模型创建

视频：吊顶模型创建

1. 导入公寓空间 CAD 吊顶布置图

（1）导入 CAD 吊顶图纸，并在顶视图中框选所导入的 CAD 图纸，执行菜单栏【组】—【成组】命令。在弹出的【组】对话框中将组名命名为"吊顶布置图"，将 CAD 吊顶布置图群组为一个对象，方便后面操作选择。

（2）将图纸对齐到如图 2-1-30 所示的位置。

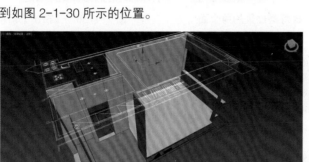

图 2-1-30　导入 CAD 吊顶图纸

2. 根据 CAD 图纸创建吊顶造型

（1）吊顶 2.4 m 层高部分。在顶视图中通过【捕捉】工具绘制吊顶造型线条，如图 2-1-31 所示，进一步添加【挤出】修改器，数量为 600 mm，如图 2-1-32 所示。

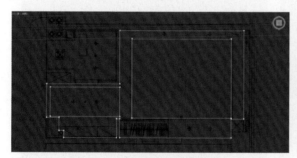

图 2-1-31　绘制吊顶造型线条　　　**图 2-1-32　添加【挤出】修改器**

（2）制作灯槽。选择如图 2-1-33 中的 4 条边，单击鼠标执行【连接边】，得到如图 2-1-34 所示的线。选择需要制作灯槽的两个面，如图 2-1-35 所示，执行【挤出】，数量为 -120 mm，如图 2-1-36 所示。选择如图 2-1-37 所示的面进行删除，得到如图 2-1-38 所示效果。

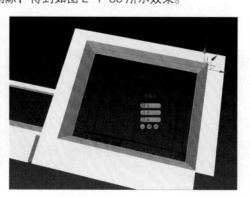

图 2-1-33　选择吊顶造型内侧的边　　　**图 2-1-34　连接边**

图 2-1-35　选择灯槽位置的两个面

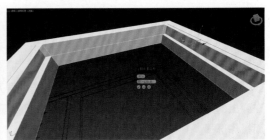

图 2-1-36　【挤出】灯槽深度

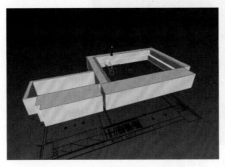

图 2-1-37　选择吊顶造型顶面

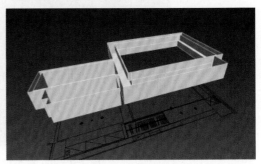

图 2-1-38　灯槽造型

（3）制作吊顶 2.7 m 层高双眼皮部分。根据 CAD 施工图选择需要外凸 20 mm 的两个面，如图 2-1-39 所示，执行【挤出】命令，数量为 20 mm，如图 2-1-40 所示。

图 2-1-39　选择需要外凸 20 mm 的两个面

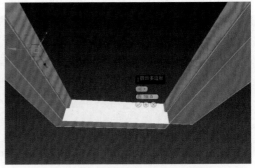

图 2-1-40　【挤出】双眼皮厚度

（4）制作吊顶 2.55 m 层高部分。选择如图 2-1-41 所示 4 个边进行【连接】，如图 2-1-42 所示。将所连接的边沿 Z 轴向下移动 155 mm，如图 2-1-43 所示，开启绝对坐标，Z 轴数值输入 -155 mm，得到如图 2-1-44 所示效果。选择如图 2-1-45 所示 2.55 m 以上部分的面执行【删除】。如图 2-1-46 所示，选择边界，执行【封口】，得到效果如图 2-1-47 所示。吊顶模型创建完成后如图 2-1-48 所示。

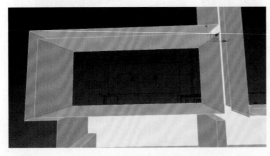

图 2-1-41　选择走廊位置吊顶造型内侧的边

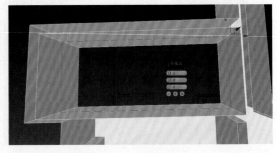

图 2-1-42　连接四条边

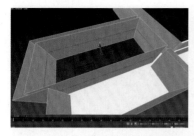

图 2-1-43　调整连接边的高度

图 2-1-44　高度降低后的效果

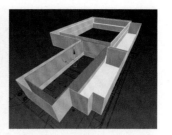

图 2-1-45　选择 2.55 m 以上部分的面

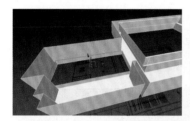

图 2-1-46　选择边界

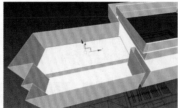

图 2-1-47　对边界进行封口

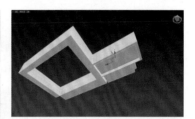

图 2-1-48　吊顶最终效果

任务 4　立面模型创建

（1）导入图纸。导入公寓立面 CAD 图纸，并调整好位置，如图 2-1-49 所示。

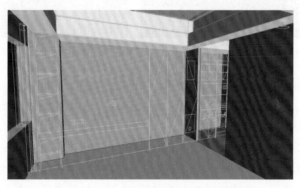

视频：立面模型创建

图 2-1-49　导入公寓立面 CAD 图纸

（2）书柜模型创建。开启【捕捉】工具，在前视图绘制书柜结构图形，如图 2-1-50 所示；添加【挤出】修改器，数量 400 mm，如图 2-1-51 所示。

（3）书桌模型创建。开启【捕捉】工具，在前视图绘制书桌结构图形，如图 2-1-52 所示；添加【挤出】修改器，数量 600 mm，如图 2-1-53 所示。调整其与书柜的位置关系，如图 2-1-54 所示，并将其转换为可编辑多边形，选择如图 2-1-55 所示的边，执行【切角】命令。

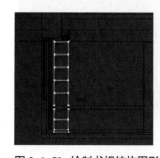

图 2-1-50　绘制书柜结构图形

图 2-1-51　【挤出】书柜厚度

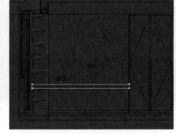

图 2-1-52　绘制书桌结构图形

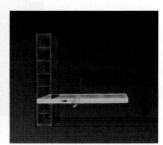

图 2-1-53　挤出书桌厚度

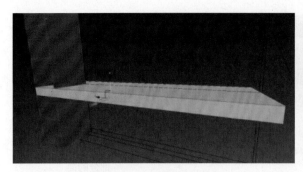

图 2-1-54　调整书桌位置

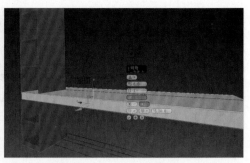

图 2-1-55　书桌边缘切角

（4）衣柜模型创建。

1）衣柜外框创建。开启【捕捉】工具，在前视图绘制衣柜外框结构图形，如图 2-1-56 所示；添加【挤出】修改器，数量 600 mm，如图 2-1-57 所示，调整其与书桌的位置关系。

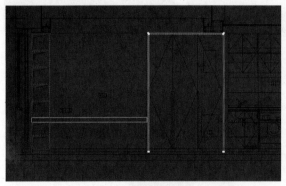

图 2-1-56　绘制衣柜外框结构图形

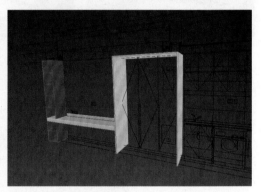

图 2-1-57　【挤出】衣柜厚度

2）柜门创建。开启【捕捉】工具，在前视图绘制柜门结构图形，如图 2-1-58 所示；添加【挤出】修改器，数量 20 mm，调整其与衣柜外框结构的位置关系，如图 2-1-59 所示。将柜门对象转换为可编辑多边形，选择如图 2-1-60 所示的两条边，执行【连接边】命令，连接出一条边，如图 2-1-61 所示，在前视图根据 CAD 立面图纸，调整这条边的位置，如图 2-1-62 所示。选择如图 2-1-63 所示的三条边，执行【连接边】命令，连接出一条边，在前视图中根据 CAD 立面图纸，调整这条边的位置，如图 2-1-64 所示。选择如图 2-1-65 所示的面，执行【挤出】命令，数量 10 mm，如图 2-1-66 所示；选择如图 2-1-67 所示多余的面，将其删除。选择如图 2-1-68 所示边界，执行【封口】命令，效果如图 2-1-69 所示。选择如图 2-1-70 所示的边，执行【切角】命令，如图 2-1-71 所示。将门板对象复制两个，调整位置，如图 2-1-72 所示。

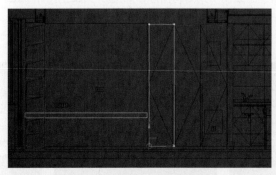

图 2-1-58　绘制柜门结构图形

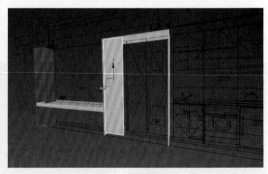

图 2-1-59　【挤出】柜门厚度

图 2-1-60　选择柜门上下两条边　　　　图 2-1-61　连接柜门上下两条边

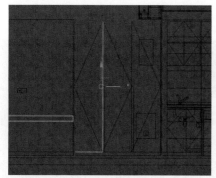

图 2-1-62　调整连接边的位置　　　　图 2-1-63　选择柜门三条边

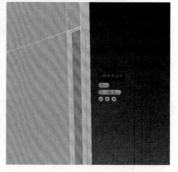

图 2-1-64　连接柜门的三条边　　图 2-1-65　选择面　　图 2-1-66　【挤出】数量 10 mm

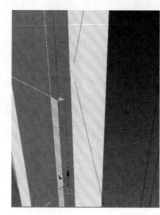
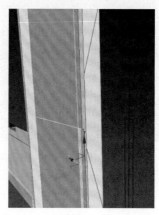

图 2-1-67　选择柜门侧面并删除　　图 2-1-68　选择柜门侧面边界　　图 2-1-69　柜门侧面封口后效果

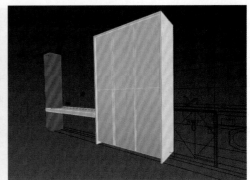

图 2-1-70　选择　　图 2-1-71　对柜门的边缘进行切角　　图 2-1-72　衣柜完成效果
柜门四周的边

（5）外景模型创建。在左视图创建一个平面，作为外景模型，如图 2-1-73 所示。

图 2-1-73　创建外景平面

任务 5　家具软装模型创建

在建 E 网、欧模网、知末网、拓者设计吧等网站下载家具陈设等软装模型，如图 2-1-74 所示。将下载好的模型导入场景中，如图 2-1-75 所示。

图 2-1-74　下载家具模型　　　　　　　图 2-1-75　导入家具模型

1.3　摄影机创建

在顶视图中创建目标摄影机并调整其位置，如图 2-1-76 所示，选择该摄影机进入【修改】面板，调节摄影机参数如图 2-1-77 和图 2-1-78 所示。

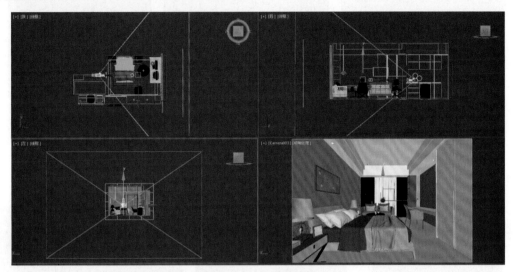

图 2-1-76　创建摄影机

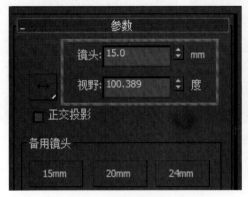

图 2-1-77　调节摄影机镜头参数

图 2-1-78　设置手动剪切参数

1.4　场景材质设置

本项目场景材质主要是硬装模型部分，包括地面瓷砖材质、亚光木地板材质、乳胶漆材质、壁纸材质以及白色油漆材质等。场景材质主要使用 VRay 材质进行设置，这里需要将渲染器切换为 VRay 渲染器，并设置为测试渲染参数。

任务 1　设置 VRay 渲染器参数

调用 VRay 渲染器：打开【渲染设置】面板，如图 2-1-79 所示，将渲染器切换为 VRay 渲染器。

然后在预设中选择测试参数，如图 2-1-80 所示。参数调整如图 2-1-81 ~ 图 2-1-84 所示。

图 2-1-79 调用 VRay 渲染器　　图 2-1-80 加载测试参数　　图 2-1-81 输出大小设置

图 2-1-82 【V-Ray】面板参数设置 图 2-1-83 【GI】面板参数设置 图 2-1-84 【设置】面板参数设置

任务 2 设置硬装模型材质

为便于操作和观察，在制作材质前可以将软装模型暂时隐藏，如图 2-1-85 所示。按 M 键打开【材质编辑器】，为了便于观察材质效果，将【材质编辑器】模式更改为【精简材质编辑器】，如图 2-1-86 所示。

视频：材质设置

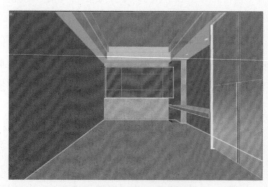 

图 2-1-85 隐藏软装模型　　　　图 2-1-86 材质编辑器模式

1. 白色乳胶漆材质

在【材质编辑器】中选择一个材质球，将材质设置为 VRayMtl 材质，并命名为"白色乳胶漆"，如图 2-1-87 所示。漫反射颜色值：R220，G220，B220，如图 2-1-88 所示。反射颜色值：R8，G8，B8 反射光泽设置为 0.5，如图 2-1-89 所示。

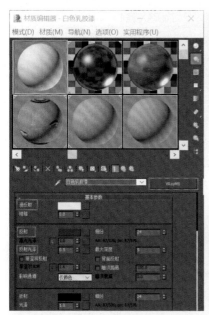

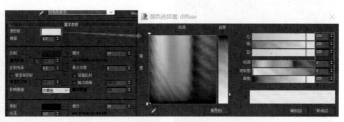

图 2-1-88　白色乳胶漆漫反射颜色值

图 2-1-87　乳胶漆材质　　　　　图 2-1-89　白色乳胶漆反射颜色值

天花和吊顶为白色乳胶漆，在赋予材质前，应将天花从墙体模型中分离，选择天花和吊顶对象，在【材质编辑器】中将做好的白色乳胶漆材质指定给选择的对象，图 2-1-90 和图 2-1-91 分别为指定材质前后的视图。

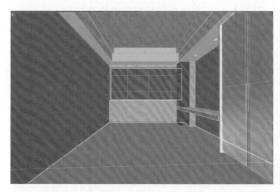

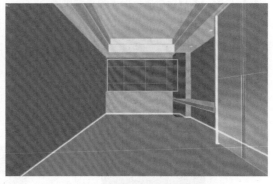

图 2-1-90　吊顶乳胶漆材质赋予前　　　　　图 2-1-91　吊顶乳胶漆材质赋予后

2. 木纹地板材质

在【材质编辑器】中选择一个材质球，将材质设置为 VRayMtl 材质，命名为"木地板"，如图 2-1-92 所示。为漫反射添加木地板纹理贴图，如图 2-1-93 所示。为反射添加衰减贴图，如图 2-1-94 所示，贴图类型设置为 Fresnel，高光光泽设置为 0.7，反射光泽设置为 0.85。

将做好的木纹地板材质指定给地面模型，单击【视口中显示明暗处理材质】，视图中并没有正常显示木地板纹理，如图 2-1-95 所示。此时，需选择地面模型，在修改命令面板添加【UVW 贴图】，如图 2-1-96 所示；修改贴图类型为平面，调整贴图的长度和宽度，最终效果如图 2-1-97 所示。

图 2-1-92　木地板材质

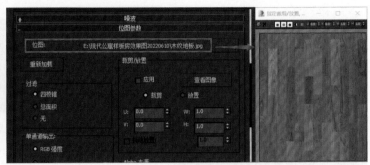
图 2-1-93　木地板材质漫反射添加纹理贴图

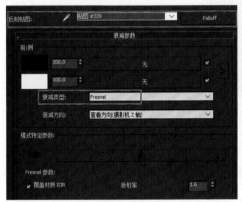
图 2-1-94　木地板材质反射添加衰减贴图

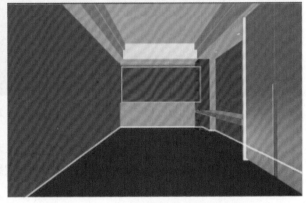
图 2-1-95　木地板材质指定给地面模型

图 2-1-96　地面模型添加【UVW 贴图】

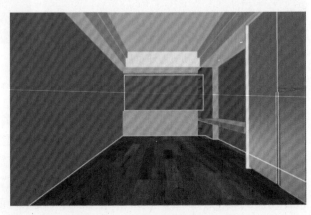
图 2-1-97　木地板贴图显示效果

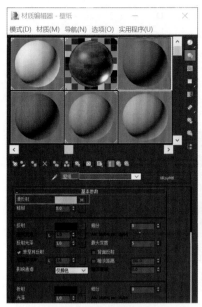

图 2-1-98　壁纸材质

3. 墙面壁纸材质

在【材质编辑器】中选择一个材质球，将材质设置为 VRayMtl 材质，命名为"壁纸"，如图 2-1-98 所示。漫反射添加壁纸纹理贴图，如图 2-1-99 所示。将壁纸材质指定给墙体模型。单击【视口中显示明暗处理材质】，视图中并没有正常显示壁纸纹理，此时，需选择墙体模型，在修改命令面板添加【UVW 贴图】修改器，如图 2-1-100 所示。修改贴图类型为【长方体】，调整贴图的长度和宽度，最终效果如图2-1-101 所示。

图 2-1-99　壁纸材质漫反射添加纹理贴图

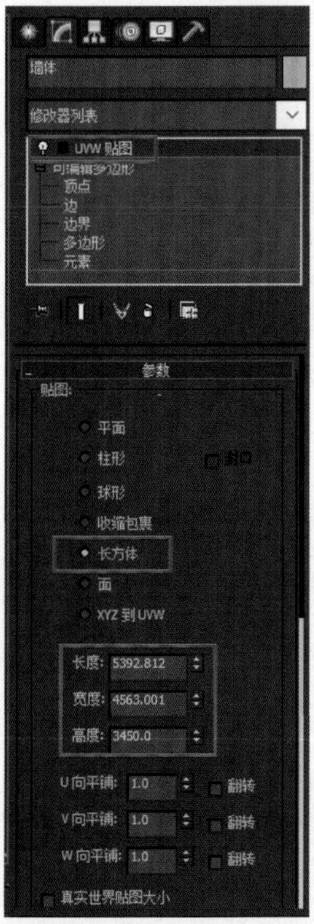

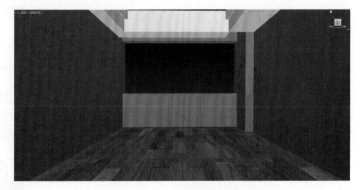

图 2-1-100　壁纸模型添加【UVW 贴图】

图 2-1-101　壁纸贴图显示效果

4. 书柜木纹材质

在【材质编辑器】中选择一个材质球，将材质设置为 VRayMtl 材质，命名为"书柜哑光木纹"，如图 2-1-102 所示。为漫反射添加书柜木纹纹理贴图，如图 2-1-103 所示。反射添加 Faloff 衰减贴图，如图 2-1-104 所示。将衰减类型设置为 Fresnel，反射光泽设置为 0.7，视图显示效果如图 2-1-105 所示。

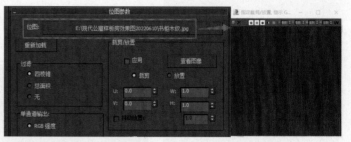

图 2-1-102　木纹材质　　　　　图 2-1-103　木纹材质漫反射添加书柜木纹纹理贴图

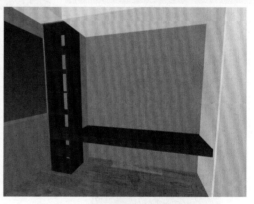

图 2-1-104　木纹材质反射添加 Faloff 衰减贴图　　　　图 2-1-105　书柜木纹贴图显示效果

5. 白色油漆材质

在【材质编辑器】中选择一个材质球，将材质设置为 VRayMtl 材质，命名为"白色油漆"，如图 2-1-106 所示。漫反射颜色值：R208，G208，B208，如图 2-1-107 所示。反射颜色值：R240，G240，B240，反射光泽设置为 0.74，勾选【菲涅耳反射】，如图 2-1-108 所示。视图显示效果如图 2-1-109 所示。

6. 瓷砖材质

在【材质编辑器】中选择一个材质球，将材质设置为 VRayMtl 材质，命名为"瓷砖"，如图 2-1-110 所示。漫反射添加合成贴图，如图 2-1-111 所示，设置总层数为 2，分别为层 1 和层 2 添加贴图，层 1 混合模式为正常，层 2 混合模式为相乘。反射颜色值：R20，G20，B20，高光光泽设置为 0.9，反射光泽设置为 0.98，如图 2-1-110 所示。为凹凸添加贴图，如图 2-1-112 所

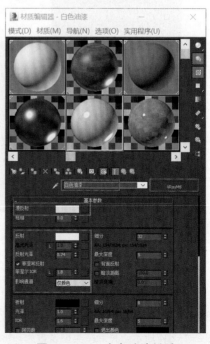

图 2-1-106　白色油漆材质

示，凹凸值为 5。

　　将做好的瓷砖材质指定给过道地面模型。单击【视口中显示明暗处理材质】，视图中并没有正常显示瓷砖贴图纹理，此时，需选择过道地面模型，在修改命令面板添加【UVW 贴图】，并修改贴图类型为【平面】，调整贴图的长度和宽度，如图 2-1-113 所示。

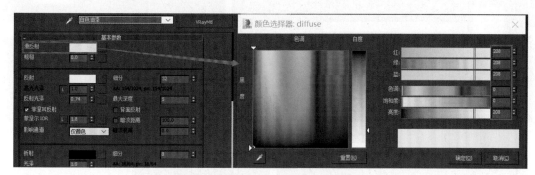

图 2-1-107　白色油漆漫反射颜色值

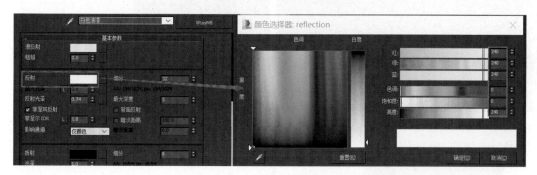

图 2-1-108　白色油漆反射颜色值

图 2-1-109　白色油漆材质视图中显示效果

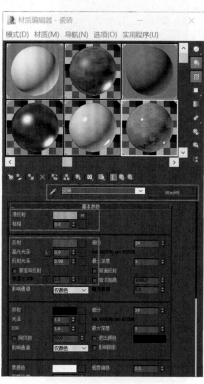

图 2-1-110　瓷砖材质

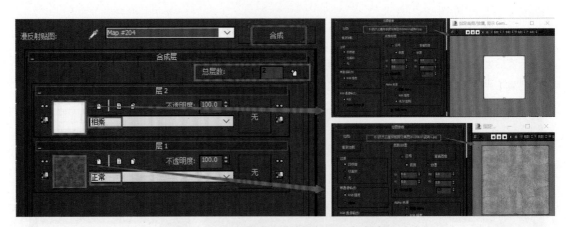

图 2-1-111　瓷砖材质漫反射添加合成贴图

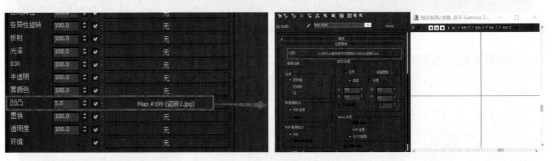

图 2-1-112　瓷砖材质凹凸添加贴图

图 2-1-113　瓷砖地面模型添加
【UVW 贴图】

7. 外景材质

在【材质编辑器】中选择一个材质球，将材质设置为灯光材质，命名为"外景"，为颜色添加夜景贴图，如图 2-1-114 所示。

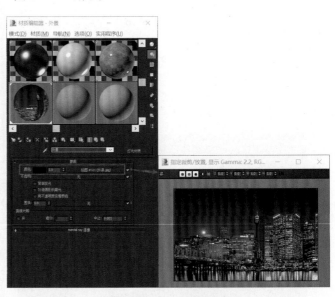

图 2-1-114　外景材质

将做好的外景材质指定给外景模型。单击【视口中显示明暗处理材质】，视图中并没有正常显示夜景贴图，此时，需选择外景模型，在修改命令面板添加【UVW 贴图】，并修改贴图类型为【平面】，调整贴图的长度和宽度，如图 2-1-115 所示。指定外景材质后视图显示如图 2-1-116 所示。

图 2-1-115　外景模型添加【UVW 贴图】　　　　图 2-1-116　外景贴图显示效果

硬装模型材质设置完成后，将隐藏的家具等模型全部取消隐藏，如图 2-1-117 所示。

图 2-1-117　取消隐藏的家具模型

1.5　场景灯光设置

本项目场景表现的是夜晚的室内光，外部环境光为蓝色光，室内的灯光为暖色光。布光思路为首先设置外部环境光，在场景有了一定亮度后，再布置室内光，依次在有灯具的位置进行布光。其次进行氛围光的布置；最后根据画面效果进行补光。本项目主要使用到的灯光类型有 VRay 平面灯、VRay 球体灯、VRayIES 等。

视频：灯光设置

任务 1　环境光设置

当场景中没有添加任何灯光时，渲染测试如图 2-1-118 所示，只添加了灯光材质的外景以及筒灯可见。为场景添加外部环境光，如图 2-1-119 所示，在【渲染设置】面板中打开【环境】卷展栏，设置颜色与强度值。如图 2-1-120 所示，在窗外创建 VRay 平面灯光，参数设置如图 2-1-121 所示，测试渲染后如图 2-1-122 所示。

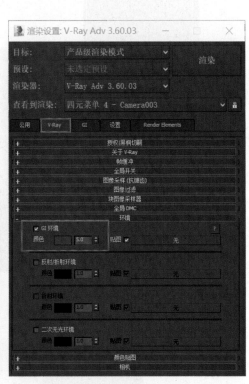

图 2-1-118　场景没有打灯时的测试效果　　　　　　图 2-1-119　设置环境参数

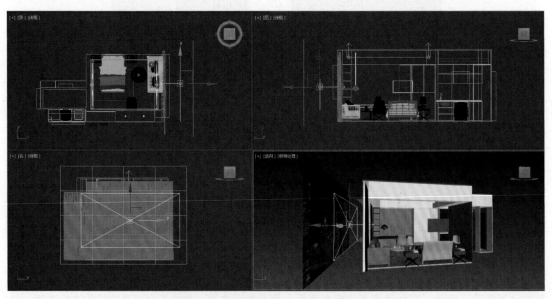

图 2-1-120　窗外创建 VRay 平面灯光

图 2-1-121 平面灯参数设置

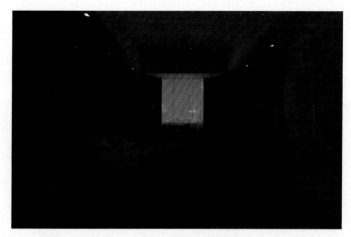

图 2-1-122 环境光测试效果

任务 2 灯带设置

在吊顶模型灯槽位置，分别添加两个 VRay 平面灯，如图 2-1-123 所示调整 VRay 平面灯的长宽与位置。灯光参数设置如图 2-1-124 所示。测试效果如图 2-1-125 所示。

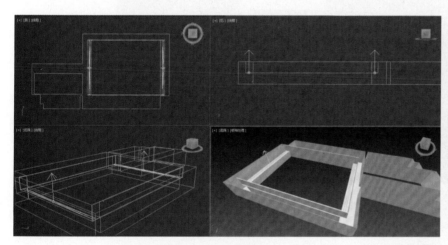

图 2-1-123 灯带

图 2-1-124 平面灯参数

图 2-1-125 灯带测试效果

任务 3　床头背景墙射灯灯光设置

在床头上方吊顶射灯模型附近，分别添加两个 VRayIES，如图 2-1-126 所示调整 VRayIES 灯的位置。灯光参数设置如图 2-1-127 所示。测试效果如图 2-1-128 所示。

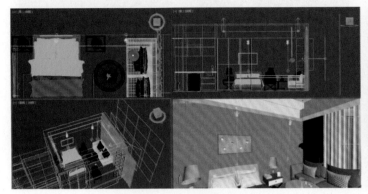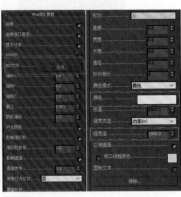

图 2-1-126　床头背景墙射灯　　　　　　　　　　　图 2-1-127　射灯参数设置

图 2-1-128　床头背景墙射灯灯光测试效果

任务 4　书桌射灯设置

在书桌上方吊顶射灯模型附近，分别添加两个 VRayIES，如图 2-1-129 所示调整 VRayIES 灯的位置。灯光参数设置如图 2-1-130 所示。测试效果如图 2-1-131 所示。

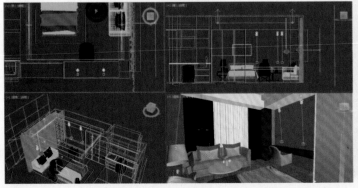

图 2-1-129　书桌上方射灯　　　　　　　　　　　图 2-1-130　射灯参数设置

图 2-1-131 书桌上方射灯灯光测试效果

任务 5 吊灯灯光设置

在吊灯模型位置添加一个 VRay 球灯,如图 2-1-132 所示调整 VRay 球灯的位置以及灯光参数设置。测试效果如图 2-1-133 所示。

图 2-1-132 吊灯添加 VRay 球灯

图 2-1-133 吊灯测试效果

任务 6 台灯灯光设置

在两个台灯模型位置分别添加一个 VRay 球灯,如图 2-1-134 所示调整 VRay 球灯的位置以及灯光参数设置。测试效果如图 2-1-135 所示。

图 2-1-134 台灯添加 VRay 球灯

图 2-1-135 台灯灯光测试效果

任务 7　走廊灯光设置

在走廊吊顶射灯模型附近，分别添加两个 VRayIES，如图 2-1-136 所示调整 VRayIES 灯的位置。灯光参数设置如图 2-1-137 所示。测试效果如图 2-1-138 所示。

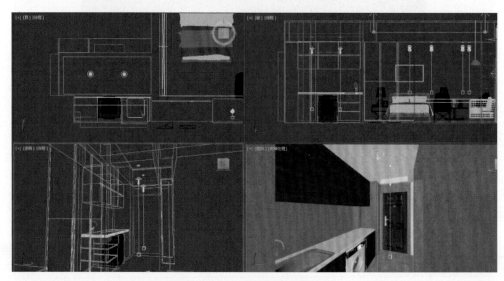

图 2-1-136　走廊吊顶添加射灯

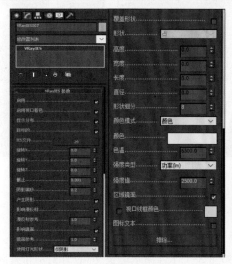

图 2-1-137　射灯参数设置

图 2-1-138　走廊灯光测试效果

任务 8　氛围光设置

在效果图制作中，氛围光的设置能够让效果图的灯光效果充满魅力，使画面效果清晰，富有层次与质感。

1. 沙发区域氛围灯光设置

为增加沙发的立体感与附近区域的层次关系，如图 2-1-139 所示，在沙发上方添加一个 VRayIES 灯光，并调整该灯光的位置与参数。测试效果如图 2-1-140 和图 2-1-141 所示。

图 2-1-139　沙发上方添加射灯

图 2-1-140　沙发氛围光测试效果

图 2-1-141　沙发氛围光测试局部效果

2. 茶几氛围光

为增加茶几的桌面亮度、立体感与层次关系，如图 2-1-142 所示，在茶几上方添加一个 VRay 平面灯，并调整该灯光的位置与参数。测试效果如图 2-1-143 和图 2-1-144 所示。

图 2-1-142　茶几上方添加一个 VRay 平面灯

图 2-1-143　茶几氛围光测试效果　　　　　　　图 2-1-144　茶几氛围光测试局部效果

3. 座椅氛围光设置

为增加座椅的亮度、立体感与层次关系，如图 2-1-145 所示，在座椅上方添加一个 VRayIES 灯光，并调整该灯光的位置与参数。测试效果如图 2-1-146 所示。

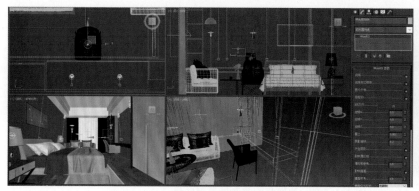

图 2-1-145　座椅上方添加 VRayIES 灯光　　　　　图 2-1-146　座椅氛围光测试效果

4. 床氛围光

为增加床的亮度、立体感与层次关系，如图 2-1-147 所示，在床的上方添加一个 VRayIES 灯光，并调整该灯光的位置与参数。测试效果如图 2-1-148 所示。

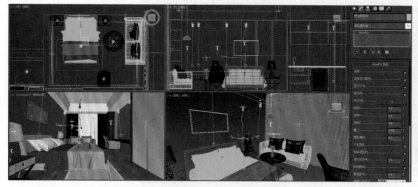

图 2-1-147　床的上方添加 VRayIES 灯光　　　　　图 2-1-148　床氛围光测试效果

任务 9　书柜暗藏灯光

书柜内部的线条灯一般采用 VRay 平面灯，如图 2-1-149 所示，在书柜每个层板的下方分别添加 VRay 平面灯，并调整该灯光的位置与参数。测试效果如图 2-1-150 所示。

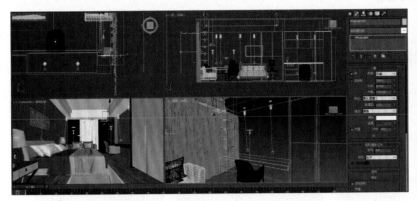

图 2-1-149 书柜层板下方添加 VRay 平面灯

图 2-1-150 书柜暗藏灯光测试效果

任务 10 窗帘补光

因窗帘处于背光位置，窗帘的亮度不够，质感与层次感不足，需要进行补光处理。如图 2-1-151 所示，在窗帘模型附近添加两个 VRayIES 灯光，并调整该灯光的位置与参数，如图 2-1-152 所示。测试效果如图 2-1-153 所示。

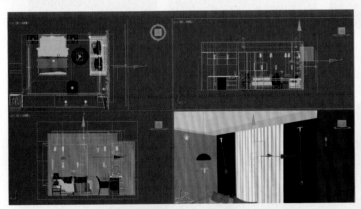

图 2-1-151 窗帘模型附近添加 VRayIES 灯光

图 2-1-152 VRayIES 灯光参数设置

图 2-1-153 窗帘补光测试效果

1.6　渲染设置

视频：渲染参数设置
（设置参数调整）

任务 1　效果图渲染

　　在布置灯光的过程中，场景经过不断地测试、渲染，得到满意的测试效果后，就可以打开【渲染设置】面板，如图 2-1-154 所示。在【预设】中选择【大图参数 1】，如图 2-1-155～图 2-1-157 所示，并将输出大小提高，进行最终渲染，渲染完成后的效果如图 2-1-158 所示。

图 2-1-154　调用大图参数预设

图 2-1-155　设置【输出大小】

图 2-1-156　【V-Ray】
面板参数设置

图 2-1-157　【GI】面板参数设置

图 2-1-158　大图渲染效果

任务 2　AO 图渲染

　　本项目中双眼皮吊顶结构不够清晰，为了得到更加真实的效果，需要先进行 AO 图的渲染，然后将 AO 图与渲染的效果图在 Photoshop 中进行合成处理。

　　使用 AO 图可以解决和改善漏光、飘和阴影不实等问题，解决或改善场景中缝隙、褶皱与墙角、角线以及细小物体等表现不清晰问题，综合改善细节，尤其是暗部阴影，增强空间的层次感、真实感，同时加强和改善画面明暗对比，增强画面的艺术性。

（1）删除场景中的所有灯光。打开 VRay【渲染设置】面板，展开【V-Ray 全局开关】层级，勾选【覆盖材质】并单击后面的通道按钮。对其添加【灯光材质】，将添加的灯光材质拖入【材质编辑器】，在弹出的窗口中选择【实例】方式复制，在 VR 灯光材质的【颜色】通道处添加【污垢】贴图，将【半径】设置为 600，【衰减】设置为 0.6，【细分】设置为 24，如图 2-1-159 所示。

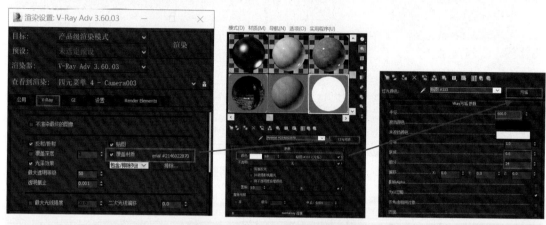

图 2-1-159　AO 图覆盖材质设置

（2）打开【间接照明】面板，关闭 GI，如图 2-1-160 所示。渲染完成后的 AO 图如图 2-1-161 所示。

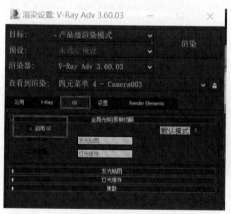

图 2-1-160　关闭 GI

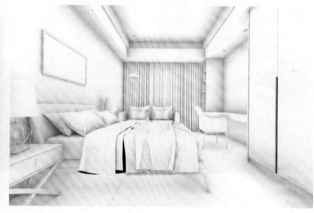

图 2-1-161　AO 图渲染效果

1.7　PS 后期处理

渲染完成后的效果图通常会在 Photoshop 软件中进行后期处理，以得到更为理想的效果。后期处理根据图像的渲染质量和对细节的要求，需要综合考虑图像所表现的氛围，甚至局部补光、局部装饰物件的补充等，它在效果图制作过程中是一个非常重要的环节。简单的后期处理只是适当调节图像的亮度、对比度，使图像的光感更充分。

（1）打开 Photoshop 软件，执行【文件】—【打开】命令，打开渲染的效果图。执行【图像】—

【调整】—【亮度对比度】命令，调整亮度、对比度，使图像更清晰，如图 2-1-162 所示。

图 2-1-162　图像亮度调整

（2）执行【图像】—【调整】—【曲线】命令，调整图像的明暗关系，如图 2-1-163 所示。

图 2-1-163　图像曲线调整

（3）打开渲染好的 AO 图，选择【移动】工具并按住 Shift 键拖入图中与效果图重合，修改图层类型为【叠加】模式，【不透明度】设置为 30%，加强明暗对比，增强图像的厚重感。最终效果如图 2-1-164 所示。

图 2-1-164　AO 图叠加

1.8　全景图制作

相对于静帧效果图，360° 全景图可以很好地展示出空间，更加全面地观看到空间布局细节。同时，全景图可以上传到 720 云平台，制作出可以通过手机扫码观看全景图的二维码。

任务 1　全景图渲染

（1）打开公寓场景后，首先将【选择过滤器】选项设置为摄影机，并框选将场景中原有的相机全部删除掉，这是为了减轻场景的冗繁，为以后打 360° 相机做准备，以免混淆造成不必要的麻烦。

（2）打开【渲染设置】面板（快捷键 F10），将公用参数中的输出大小更改为 2：1 的参数，注意这里必须为 2：1，像素越高，质量越好，出图通常为 6 000 与 3 000，如图 2-1-165 所示。

图 2-1-165　全景图输出大小设置

（3）设置相机。在场景中创建一个标准相机，调整好需要的焦距参数与相机位置，一般室内高度为 900~1 100，这也要结合场景层高来设定，如图 2-1-166 所示。

图 2-1-166　全景图相机设置

（4）将场景切换为顶视图与摄影机视图，在顶视图中移动相机位置，尽量在需要看到的 360° 场景的中央，并移动摄影机目标点对其进行 360° 移动观看场景，做出调整，争取能看到最好的位置。

（5）在【渲染设置】中找到【V-Ray】面板下的【相机】，将相机类型选项为【球形】，覆盖视野调整为 360，如图 2-1-167 所示。

（6）以上步骤设置好后就可以调用大图参数进行渲染了，最后渲染出图看似像变形的，如图 2-1-168 所示，但导入 720 云平台中合成出来就正常了。

任务 2　全景图后期处理

　　渲染完成后的全景图，导入 Photoshop 软件中进行后期处理，以得到更为理想的效果。这里可以适当调节图像的亮度、对比度，使图像的光感更充分、层次更清晰，如图 2-1-169 所示。

图 2-1-168　全景图渲染

图 2-1-167　相机类型设置

图 2-1-169　全景图后期处理

任务 3　全景图二维码输出

　　全景图需在 720 云网站注册账号，以生成可以在手机端扫码播放的二维码，如图 2-1-170 所示。

图 2-1-170　全景漫游二维码

　　（1）打开浏览器，输入"720yun"，单击"搜索"，如图 2-1-171 所示，或直接输入网址 https：//www.720yun.com/。

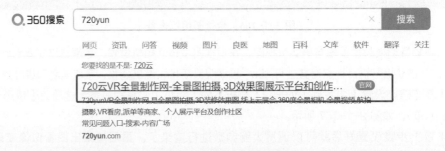

图 2-1-171　720 云官网

（2）单击右上角"注册 / 登录"，如图 2-1-172 所示。

（3）注册完成后，单击"开始创作"，如图 2-1-173 所示。

图 2-1-172　720 云官网注册

图 2-1-173　单击"开始创作"

（4）单击"从本地文件添加"，打开要制作的全景图片，如图 2-1-174、图 2-1-175 所示。

图 2-1-174　从本地文件添加全景图　　　　　图 2-1-175　全景图片上传完成

（5）输入作品标题、作品分类，最后单击作品标题上面的"发布作品"，如图 2-1-176 所示；发布完成后单击"查看作品"，如图 2-1-177 所示。

图 2-1-176　单击"发布作品"　　　　　图 2-1-177　全景漫游预览

（6）对生成的动态图进行预览、分享，如图 2-1-177 所示，单击红框所示【分享】即可生成全景图二维码，如图 2-1-178 所示。此外，单击右上角 VR 眼镜图标，同时配合 VR 设备进行虚拟空间的体验。

图 2-1-178 　分享可生成二维码

项目小结

　　本情境主要讲解了现代风格室内空间效果图的制作过程，包括风格特点讲解、项目解析、图纸导入、场景建模、材质灯光到渲染出图、后期处理以及全景图制作。在实操中按照效果图的出图流程，将本项目依次分解为若干个工作任务，学生逐一完成任务即可基本掌握室内效果图制作所需的各项技能。

职业素养提升

　　本项目实操在训练学生初步掌握效果图表现综合技能的基础上，重在培养学生发现问题、解决问题的能力和自主学习能力，并养成良好的作图习惯于职业素养。

项目训练2 简欧风格效果图表现

知识目标

1. 熟悉简欧风格室内空间的造型特征、色彩搭配、常用材料等。

2. 掌握室内空间效果图制作的流程。

能力目标

1. 能够读懂施工图并进行效果图项目分析。

2. 能够准确建立空间模型和陈设模型。

3. 能够准确进行场景材质设置与赋予。

4. 能够准确进行灯光布置。

5. 能够快速出图并对渲染图进行后期处理。

素养目标

1. 培养审美能力、软装搭配能力。

2. 训练设计思维。

3. 建立自己的材质模型库，养成良好的作图习惯。

2.1 简欧风格卧室项目分析

本案例为欧式风格卧室效果图设计，空间面积为 15 平方米左右，案例定位为简欧，以白色为主色调，局部搭配蓝色、黄色、金属色，凸显空间层次（图 2-2-1、图 2-2-2）。

图 2-2-1　简欧风格卧室全景图

简欧风格卧室全景漫游
二维码

图 2-2-2　简欧风格卧室效果图

2.2 ● 卧室空间模型创建

任务 1　场景墙体、窗户、门洞建模

视频：墙体建模

根据施工图纸，找到主卧空间并对墙体进行删除精简。将精简完的 CAD 图块单独写块【W】保存。注意导出图形的单位为毫米。

打开 3ds Max 软件，将导出的 CAD 图形导入 3ds Max 软件中。

将导入 3ds Max 场景的 CAD 图形进行成【组】，组名可按系统随机命名。成组后选择图形，用移动工具【W】框选图形，将图形 X 轴、Y 轴、Z 轴坐标归零。

把归零的图形冻结，以便建模时不会被选择，从而影响建模。具体做法：框选归零图形，鼠标右键，选择【冻结当前选择】。

开始建模前检查 3ds Max 软件单位设置，执行【自定义】—【单位设置】—【显示单位比例】【系统单位设置】命令，将单位均改为毫米。

用 Ctrl+ 右键调出常用工具，选择【线】，打开捕捉开关【S】，捕捉点只选择【顶点】，并将【捕捉到冻结对象】【启用轴约束】【显示橡皮筋】打钩，以辅助捕捉图形，如图 2-2-3、图 2-2-4 所示。

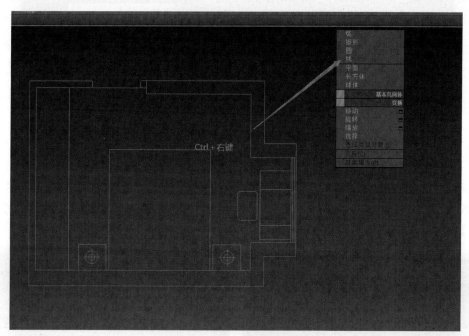

图 2-2-3　Ctrl+ 右键快捷工具

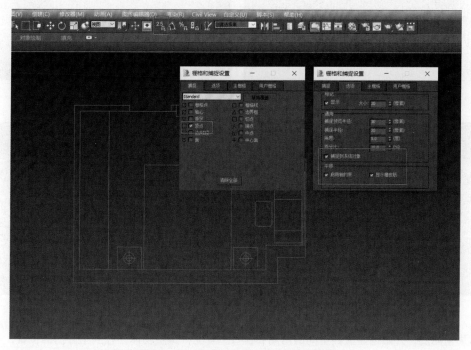

图 2-2-4　捕捉点设置及捕捉选项设置

开始建模，用【线】从主卧门洞处开始沿内墙捕捉，捕捉至起点时选择【闭合样条线】，如图 2-2-5 所示。

注意： 捕捉门洞、窗口时需要停顿，并把相关联的空间全部捕捉出来。

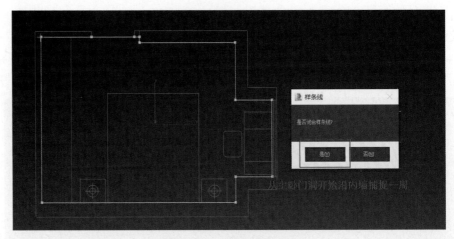

图 2-2-5 捕捉内墙一周

捕捉完成后，对捕捉的样条线进行【挤出】，挤出数量为 3 000 mm。再对挤出的物体进行【法线】，使物体的内外法线进行翻转。为了更直观地看到物体内部，可以让物体背对视角的面进行【背面消隐】：选择物体，右击选择【对象属性】—【背面消隐】。操作步骤如图 2-2-6 ~ 图 2-2-9 所示。

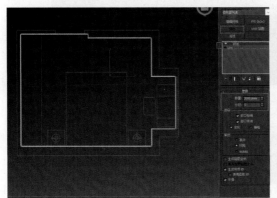 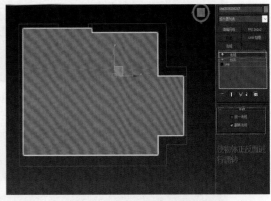

图 2-2-6 挤出空间高度　　　　　　　图 2-2-7 将挤出的空间翻转法线

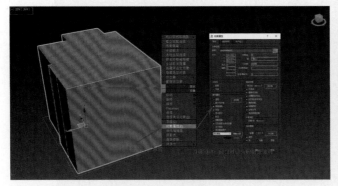 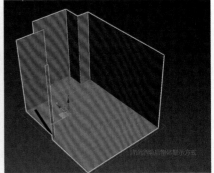

图 2-2-8 背面消隐　　　　　　　图 2-2-9 背面消隐效果

背面消隐后，开始创建主卧空间的门洞和窗口。首先，选中物体，找到主卧门的位置，在【修改命令】面板中执行【编辑多边形】—【边】命令，按 Ctrl 键选中主卧门洞的两条边。右击选择【连接】1 条边。然后，在软件界面底部 Z 轴位置输入门洞高度 2 100 mm。再执行【编辑多边形】—【多边形】命令，选择门洞位置，右击选择【挤出】-200 mm。操作步骤如图 2-2-10 ~ 图 2-2-15 所示。

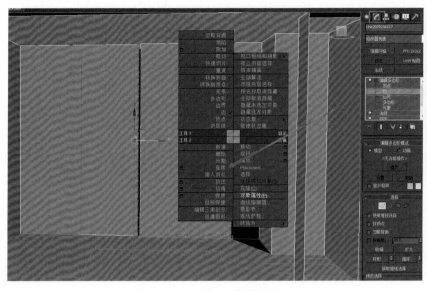

图 2-2-10 选择门洞两条边

图 2-2-11 连接 1 条边确定门洞高度

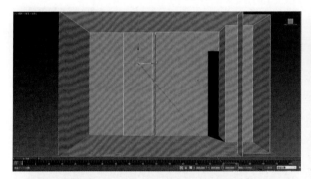

图 2-2-12 输入门洞高度 2 100 mm

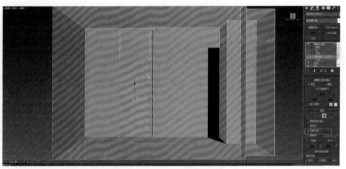

图 2-2-13 多边形选择门洞位置

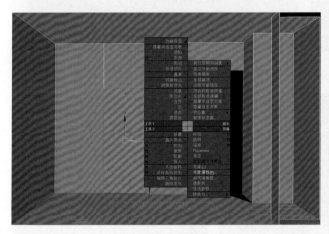

图 2-2-14 挤出门洞

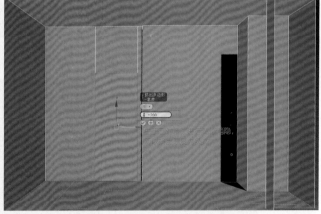

图 2-2-15 【挤出】门洞厚度 -200mm

创建主卧窗户：执行【编辑多边形】—【边】命令，选择窗口两条边，右击选择【连接】2 条横边，设置下缘高度为 500 mm，上缘高度为 2 400 mm。执行【编辑多边形】—【多边形】命令选择窗口位置，右击选择【挤出】-200 mm，最后删除窗口面。操作步骤如图 2-2-16 ～图 2-2-20 所示。

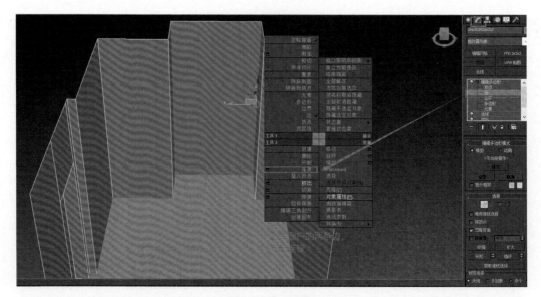

图 2-2-16　连接

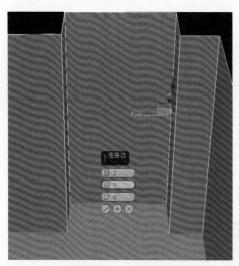

图 2-2-17　创建窗口

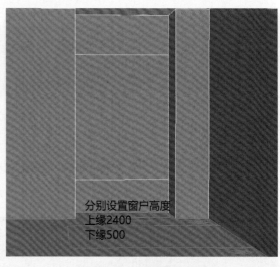

图 2-2-18　设置窗口高度

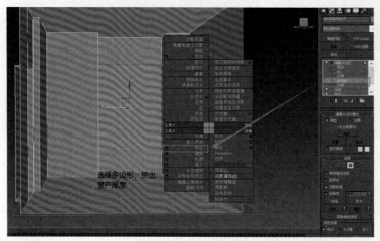

图 2-2-19　【挤出】

图 2-2-20　【挤出】窗口厚度 -200mm

视频：天花建模

任务 2　场景空间天花造型建模

根据施工图纸，找到主卧天花施工图。运用精简墙体的方法，将主卧天花精简并重复执行【W】写块—【导入 3ds Max】—【坐标归零】—【冻结选择对象】等命令。

（1）走边天花制作。用【矩形】工具【捕捉】主卧天花最外围一周，把【开始新图形】去掉打钩，再用【矩形】工具【捕捉】主卧天花最里面一周。捕捉完成后会发现这两个矩形是一个整体。最后，根据施工图标高，此处天花【挤出】50 mm。操作步骤如图 2-2-21、图 2-2-22 所示。

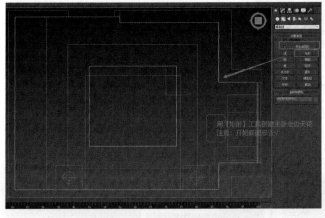

图 2-2-21　【捕捉】回形天花

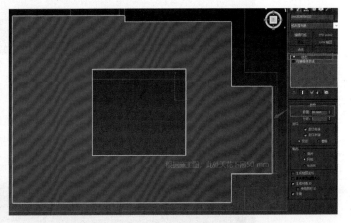

图 2-2-22　【挤出】走边吊顶厚度 50 mm

（2）平面灯槽天花造型制作。用【矩形】工具【捕捉】主卧天花最外围一周，把【开始新图形】去掉打钩，再用【矩形】工具【捕捉】主卧天花最里面一周，此处应【挤出】厚度 200 mm，但因此处天花有灯槽，所以先【挤出】80 mm。在立面视图（前视图、左视图）上，将制作的第一层平顶天花沿 Y 轴向上【复制】一层，并将【挤出】的厚度改为 120 mm，并把两层天花对齐。选择第二层平面天花在顶视图上，执行【编辑网格】—【顶点】命令，将第二层平面天花里面的八个顶点分别选择（顺序为选上面四个、选下面四个、选左边四个、选右边四个），再分别把选择的顶点向上或向下移动 100 mm、-100 mm。此时，切换到透视图会发现灯槽已经做好。操作步骤如图 2-2-23 ~ 图 2-2-26 所示。

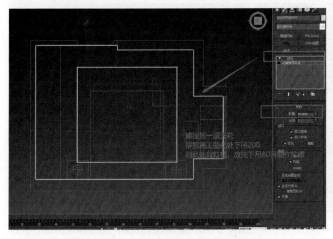

图 2-2-23　【捕捉】第一层平面天花

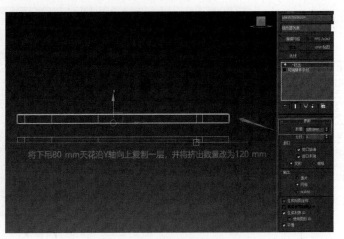

图 2-2-24　制作第二层平面

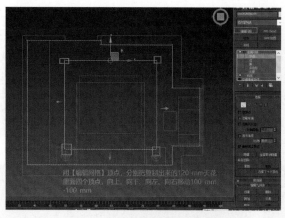
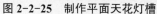

图 2-2-25　制作平面天花灯槽　　　　　　　　图 2-2-26　天花灯槽效果

视频：石膏线

（3）石膏线造型制作。根据施工图纸，墙角和灯光槽位置有石膏线造型。首先，用【线】或【矩形】在有石膏线的位置绘制线段或者矩形，接着用【扫描】工具拾取石膏线剖面造型，并且调整扫描参数，如图 2-2-27 ~ 图 2-2-30 所示。

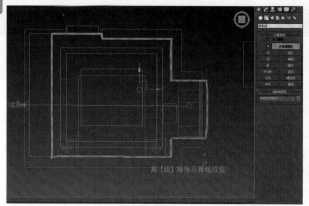

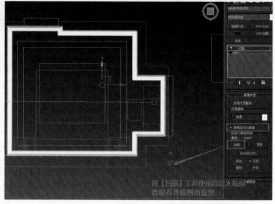

图 2-2-27　绘制石膏线造型　　　　　　　　　图 2-2-28　【扫描】工具绘制石膏线

视频：地面

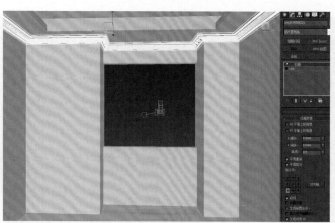

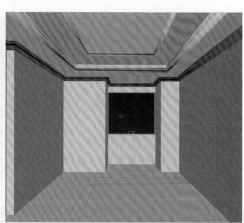

图 2-2-29　调整扫描参数　　　　　　　　　图 2-2-30　重复以上步骤，绘制其他区域石膏线

任务 3 场景空间立面造型建模

打开施工图,将主卧床头背景立面图、主卧电视背景立面图精简并执行【W】写块命令导出。

打开 3ds Max 软件,将精简后的主卧床头背景立面图、主卧电视背景立面图导入,重复建模前的工作即【导入】—【成组】—【归零】—【冻结】。

床头背景造型制作。对应主卧床头背景立面施工图,主卧床头背景墙主要由硬包、木饰面板、不锈钢线条等材质组成。

首先制作床头硬包造型,用【矩形】沿造型【捕捉】,【开启新图形】去钩,绘制里面一圈矩形。【挤出】50 mm,用【矩形】沿需要石膏线造型区域绘制矩形,选择【扫描】【使用自定义截面】【拾取】自定义截面,调整扫描参数,如图 2-2-31 ~ 图 2-2-33 所示。

视频:立面建模 1

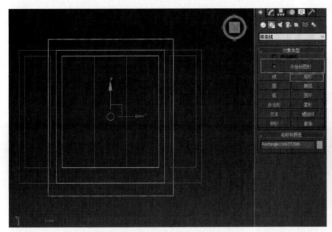

图 2-2-31 制作床头硬包造型   图 2-2-32 制作石膏线

其次制作床头背景硬包造型。用【矩形】工具捕捉背景墙最左边硬包造型,【挤出】30 mm,如图 2-2-34 所示。执行【编辑多边形】—【面】—【插入】—【90 mm】,如图 2-2-35、图 2-2-36 所示。全选面,右击【倒角】,高度:5,轮廓:-3,如图 2-2-37、图 2-2-38 所示。此时,再将做好的第一块硬包【复制】到右边同属硬包的造型上,如图 2-2-39 所示。

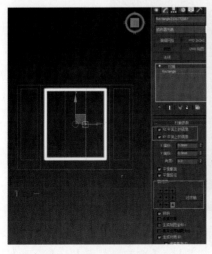
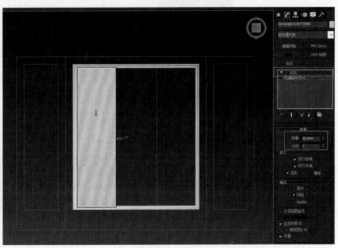

图 2-2-33 调整扫描参数   图 2-2-34 【捕捉】硬包并【挤出】

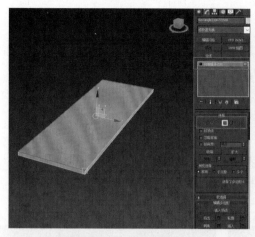

图 2-2-35　选【面】

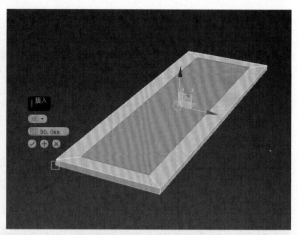

图 2-2-36　【插入】90 mm

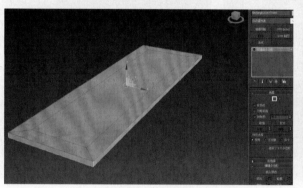

图 2-2-37　全选面

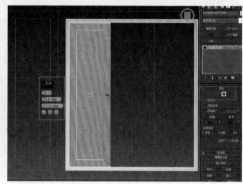

图 2-2-38　右击【倒角】

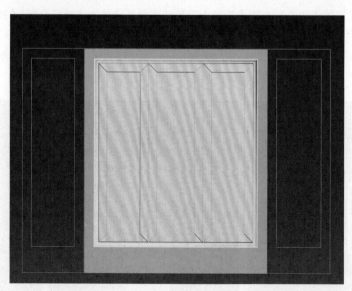

图 2-2-39　【复制】到右边同属硬包的造型上

　　再次制作硬包左右两侧木饰面。用【矩形】捕捉外面一圈矩形，【开启新图形】去钩，【捕捉】里面一圈矩形，【挤出】50 mm，如图 2-2-40 所示，执行【扫描】—【自定义截面】—【拾取】命令自定义截面，调整扫描参数，如图 2-2-41、图 2-2-42 所示。接下来绘制不锈钢线条。执行【矩形】—【开始新图形】去钩命令，【挤出】10 mm，将做好的【复制】到右边同属造型上，如图 2-2-43 所示。

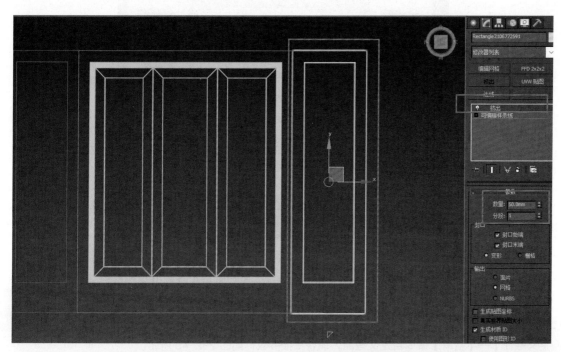

视频：立面建模 2

图 2-2-40　【捕捉】里面一圈矩形，【挤出】50 mm

图 2-2-41　自定义截面

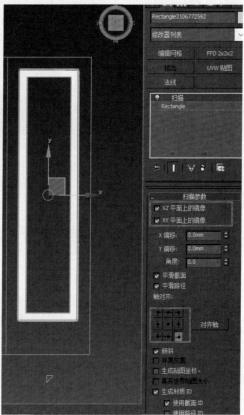

图 2-2-42　调整扫描参数

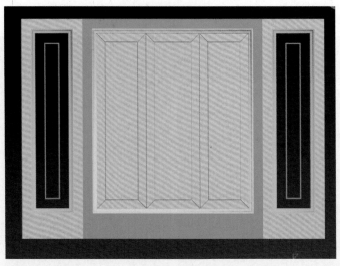

图 2-2-43　【复制】到右边同属造型上

从次创建电视背景造型。按照床头背景建模方法，可以创建出电视背景墙造型。将制作完成的床头背景造型和电视背景造型通过【旋转】【移动】等操作移至对应的立面上，如图 2-2-44 所示。

最后制作踢脚线。首先用【线】捕捉需要踢脚线的位置，【开启新图形】去钩，执行【扫描】—【自定义截面】—【拾取】命令自定义截面，调整扫描参数，如图 2-2-45 所示。

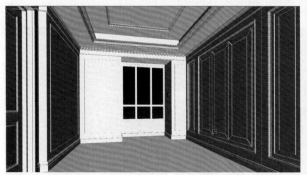

图 2-2-44　主卧电视背景造型

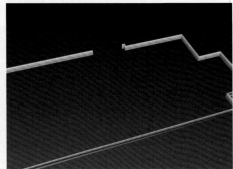

图 2-2-45　踢脚线

2.3　导入软装模型、场景材质设置

将硬装造型根据施工图完成建模后，开始对场景进行软装模型的导入和场景材质的调试。

任务 1　场景材质设置

1.【亚光墙纸】

漫反射：贴图；反射：0，反光 0，【菲涅耳反射】打钩，如图 2-2-46 所示。

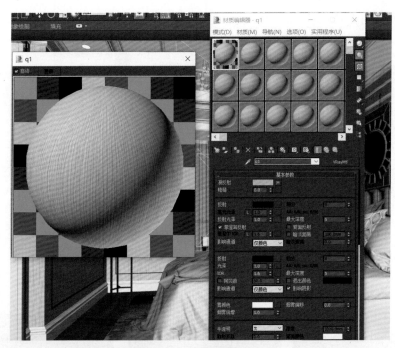

视频：材质1

视频：材质2

视频：材质3

图 2-2-46　【亚光墙纸】材质

2. 【纯色硬包】

漫反射：R110，G92，B79；色调设置为 18；饱和度设置为 72；亮度设置为 110。反射：200 左右，高光光照设置为 0.55，发射光泽 0.78，【菲涅耳反射】打钩，凹凸设置为 15 贴图，如图 2-2-47 所示。

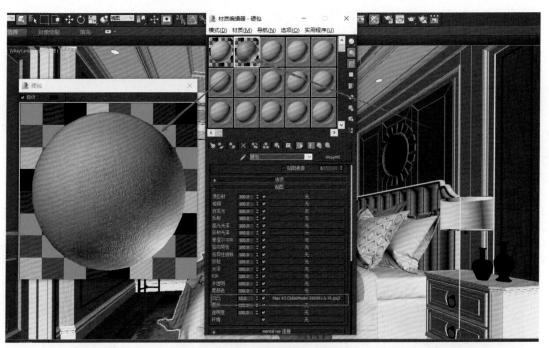

图 2-2-47　【纯色硬包】材质

3. 【木地板】

材质：覆盖材质，基本材质设置为 VRayMtl。漫反射：贴图，反射：180 左右，高光光泽设置为 0.7，反射光泽设置为 0.86，【菲涅耳反射】打钩，菲涅耳折射率设置为 2.8，凹凸贴图使用漫反射贴

图 3.0，如图 2-2-48 所示。

图 2-2-48　【木地板】材质

4.【象牙白木饰面】

漫反射：污垢，遮挡颜色设置为 R100、G99、B97、饱和度设置为 8，亮度设置为 100，细分设置为 3；反射：200 左右，高光光泽设置为 0.65，反射光泽设置为 0.82，【菲涅耳反射】打钩，如图 2-2-49 所示。

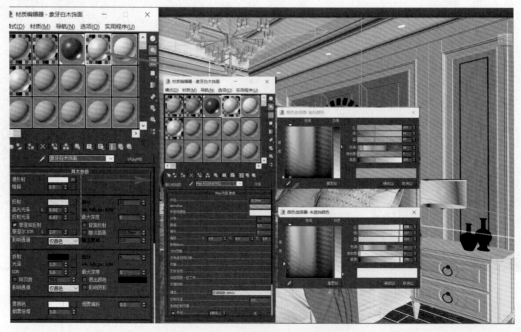

图 2-2-49　【象牙白木饰面】材质

5.【玫瑰金不锈钢】

漫反射：亮度 8 左右，反射：R194、G148、B107，高光光泽设置为 0.75，反射光泽设置为 0.92，【菲涅耳反射】打钩，如图 2-2-50 所示。

图 2-2-50　【玫瑰金不锈钢】材质

6.【墙面乳胶漆】

漫反射：R245、G245、B245，污垢，半径 15，遮盖颜色设置为 R80、G80、B80，如图 2-2-51 所示。

图 2-2-51　【墙面乳胶漆】材质

任务 2　导入软装模型

视频：导入软装模型

导入进来的软装模型根据硬装材质进行色彩搭配调整，如图 2-2-52 所示。

图 2-2-52　导入软装模型并调整材质搭配

2.4　创建摄影机

视频：摄影机

将软装模型导入完成后，为了方便观察模型，在主卧顶视图空间中创建一个【摄影机】。在【创建】面板中选择【摄影机】—【目标】，选择合适的角度创建一个相机。设置相机镜头为 20 mm，相机高度为 1 200 mm，最后调整镜头位置，如图 2-2-53、图 2-2-54 所示。

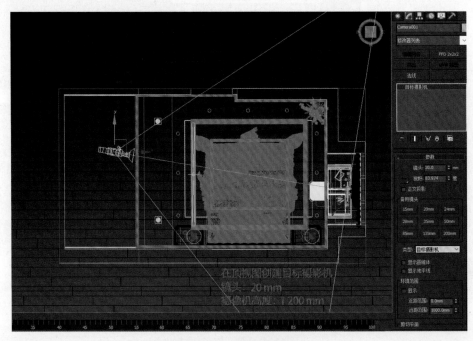

图 2-2-53　设置场景相机

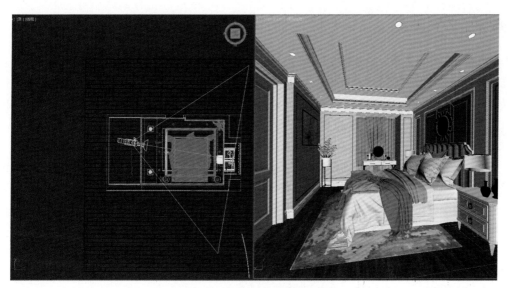

图 2-2-54　最终调整相机角度

2.5　场景灯光、渲染输出设置

将软装模型搭配并导入场景空间后，就可以开始布置灯光和渲染测试。场景灯光的设置以模拟现实光源、塑造场景造型、表现设计意图为主要目的。在布置灯光时要做到：①尽可能地模拟现实中的自然光源、人造光源，以达到比较真实的效果；②不要过多地布置灯光，在布光时，遵守"在有灯的地方布光"的原则，把控好每一盏灯的照度、色温、光照效果等。

任务 1　测试渲染参数设置

在布置灯光之前，先将渲染参数设置好，以便后续测试布置的灯光效果。测试图渲染参数具体设置如图 2-2-55 所示。

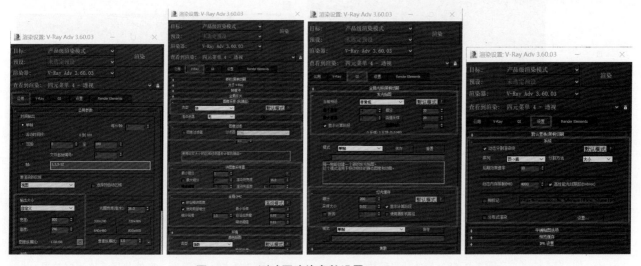

图 2-2-55　测试图渲染参数设置

任务 2　灯光设置

【天花灯带光源】将主卧天花模型孤立显示组合键 Alt+Q，找到天花灯槽位置，在顶视图上对应灯槽位置创建【VRay 平面灯光】，灯光参数：【类型】—平面；【倍增】—5 倍；【模式】—颜色（灯带光可以偏暖黄，具体数值参考截图）；【选项】—投射阴影、不可见、影响漫反射、影响高光、影响反射打钩，如图 2-2-56 所示。

【室内外补光】布置好灯带光源后，在窗口位置再布置室外、室内补光，以模拟自然光源。

【室外补光—材质光】——将窗户模型孤立显示组合键 Alt+Q，在前视图或左视图上，对准窗口创建【VRay 平面灯光】，再将灯光移至窗口外，灯光方向朝向室内，灯光参数：【类型】—平面；【倍增】—16 倍；【模式】—色温 7 500（室外补光可以偏蓝白色，具体数值参考截图）；【选项】—投射阴影、不可见、影响高光打钩。

【室外补光】——在顶视图上，将创建的材质光【复制】一个，放置在材质光前面，灯光方向朝向室内，灯光参数：【类型】—平面；【倍增】—8 倍；【模式】—颜色（室外补光可以偏冷白色，具体数值参考截图）；【选项】—投射阴影、不可见、影响漫反射、影响高光打钩，如图 2-2-57、图 2-2-58 所示。

布置好灯带光源、室外补光后，可以进行渲染测试，测试下所布置好的灯光是否达到要求。按组合键 Shift+Q 可以进行渲染测试，如图 2-2-59 所示。

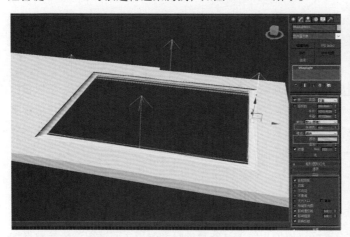

图 2-2-56　天花灯带光参数

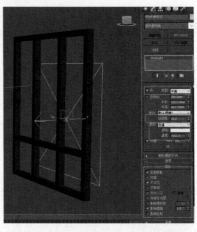

图 2-2-57　室外补光—材质光参数

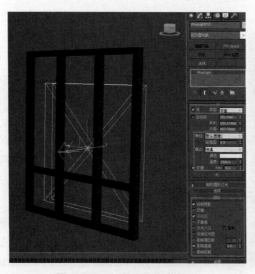

图 2-2-58　室外补光参数

图 2-2-59　灯带光、室外补光渲染测试效果

通过渲染测试可以发现灯带光、室外补光已经可以使整个场景基本亮起来并可以看清楚室内物品。但是，室内光线整体还是偏暗。这就需要在室内窗口处布置一个室内补光。

【室内窗口补光】将室外补光向室内【复制】一个，然后用【缩放】工具进行缩小。调整灯光参数：【类型】—平面；【倍增】—6 倍；【模式】—色温 8 000（室内补光可以偏白色，具体数值参考截图）；【选项】—投射阴影、不可见、影响漫反射、影响高光打钩；再进行渲染测试，如图 2-2-60、图 2-2-61 所示。

图 2-2-60　室内窗口补光参数

创建完天花灯带光、室内外窗口补光后接下来布置筒灯光源。

【筒灯光源】在立面视图上创建【VRay 灯光】—【VRayIES】，拉出光源与目标长度。灯光参数：【IES 文件】—选择光度学文件；【使用灯光形状】—仅阴影，【形状细分】—8；【颜色模式】—色温6 500，具体数值参考截图；【强度】—根据不同的光度学文件强度跟随变化，范例强度参考截图；在顶视图上，对应天花布置图中的灯光布置分布筒灯光源，如图 2-2-62、图 2-2-63 所示。

注意：在布置筒灯光源时，需注意筒灯强度变化，如主要表现背景光源可以稍微强一些，次背景光源、远处光源可以稍弱一些。

图 2-2-61　室内窗口补光渲染参数效果

图 2-2-62　室内筒灯光源参数

创建完筒灯光源后，进行渲染测试，并根据测试效果进行最终的灯光调试，如图 2-2-64 所示。

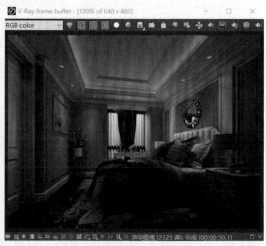

图 2-2-63　室内筒灯光源按筒灯位置进行布光　　　　图 2-2-64　室内筒灯光源渲染测试效果

　　【台灯光源】在顶视图上创建【VRay】—【VRayLight】—【类型】球体。【倍增】—120，【颜色模式】—色温 5 000，具体数值参考截图；在顶视图上，对应天花布置图中的灯光布置分布筒灯光源。调整球灯位置，如图 2-2-65、图 2-2-66 所示。

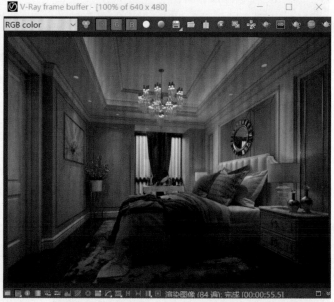

图 2-2-65　室内台灯光源按台灯位置　　　　　图 2-2-66　室内台灯光源渲染测试效果
　　　　　　　进行布光

任务 3　出图渲染

　　灯光布置完成并提供渲染测试后，最后的测试图效果已基本达到渲染成品的效果，如果光源不够，可在房间区域添加平面灯光。接下来进行成品图渲染参数设置，如图 2-2-67 所示。

　　在完成成品图渲染参数设置后，进行成品图渲染。最终渲染效果如图 2-2-68 所示。

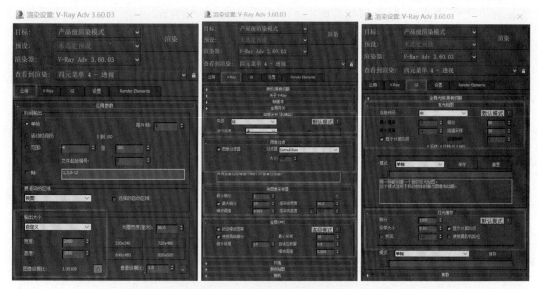

图 2-2-67　成品图渲染参数设置

图 2-2-68　最终成品图渲染测试效果

2.6 ● PS 后期处理

　　将 3ds Max 渲染出的效果图保存成 .tga 格式，导入 Photoshop 中，根据效果图实际效果分别调整【对比度 / 亮度】【色阶】【曲线】，如图 2-2-69 所示。按组合键 Ctrl + J 复制图层，执行【滤镜】—【锐化】—【USM 锐化】命令，根据图像的实际效果进行调节，增加效果图锐化，突出细节，重复上一个步骤，复制一个图层，执行【滤镜】—【其他】—【高反差保留】命令，半径设置为 1，图层的混合模式改为【叠加】，增强模型边缘的效果。调整后的效果图如图 2-2-70 所示。

图 2-2-69　图像调整

图 2-2-70　最终效果图

项目小结

　　本情境主要讲解了简欧风格室内空间效果图的制作过程，包括风格特点讲解、项目解析、图纸导入、场景建模、材质灯光到渲染出图、后期处理等。在实操中按照效果图的出图流程，将本项目依次分解为若干个工作任务，学生在完成工作任务的同时，加强了效果图表现相关工作技能的熟练程度。

职业素养提升

　　本情境培养学生的审美能力及软装搭配能力，训练学生的设计思维，建立自己的材质模型库，养成良好的作图习惯。能够灵活的运用软件，了解效果图表现是这一岗位所要具备的职业能力，熟悉工作过程，做到严谨细致，精益求精。

项目训练3 轻奢风格效果图表现

知识目标

1. 了解"1+X"数字创意建模主要考点。

2. 掌握空间建模、家具建模的基本方法。

能力目标

1. 能够读懂施工图并理解施工图详图的具体构造做法。

2. 能够根据考题要求准确建立空间模型和陈设模型。

3. 能够按照考题给定贴图进行场景材质设置与赋予。

4. 能够按照考题给定效果参考图进行布置灯光和设置渲染参数。

5. 能够快速出图并对渲染图进行后期处理。

素养目标

1. 提高使用 3ds Max 软件的熟练度，能够应对各种复杂的建模和渲染需求。

2. 培养审美意识和创造力，能够设计吸引人的 3D 效果图。

3. 提高对三维空间的感知力，能够合理构图和布局场景。

4. 培养沟通和协作技能，以更好地满足项目需求和客户期望。

5. 培养解决问题能力和创新能力，能够应对各种挑战。

6. 提高职业素养，能够胜任职业生涯中的各种角色和责任。

"1+X"职业技能等级证书是根据新时代行业发展的需求及前沿的发展方向，为标准化行业规范而设置，在高职院校内实施的一种职业技能等级证书考试。其中与"3ds Max/VRay 效果图表现"课程相融通的证书即"1+X"数字创意建模职业技能等级证书，重点考核"创意"与"建模"的应用能力，涵盖了对创造性、技术能力与综合能力的考查。

本项目即为"1+X"数字创意建模职业技能等级证书（中级）环境设计方向中级考核实操题，主要考查学生的专业建模能力、空间表现能力以及图像处理能力。

3.1 轻奢风格卧室项目分析

　　本项目为轻奢风格的卧室效果图制作。轻奢代表着一种奢华而不浮夸、追求品质的生活方式，是一种高品质的生活理念。线条干脆、简约但不失美感，色彩搭配内敛而精致，常选用大理石、金属、皮饰、丝绒等材质凸显品质（图 2-3-1、图 2-3-2）。

图 2-3-1　范例全景图

范例全景漫游二维码

图 2-3-2　范例透视图

3.2　空间模型创建

任务 1　场景墙体、窗户、门洞建模

根据试题中给定的施工图纸，找到主卧空间并对墙体进行删除精简。将精简完的 CAD 图块单独写块【W】保存。注意导出图形的单位为毫米，如图 2-3-3 所示。

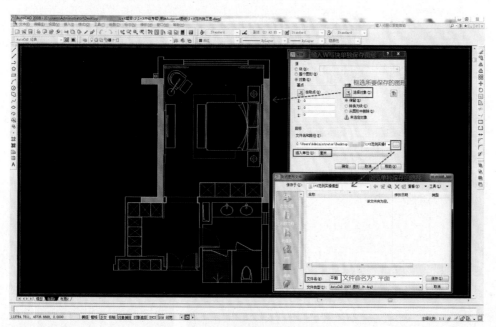

图 2-3-3　精简并写块保存

打开 3ds Max 软件，将导出的 CAD 图形导入 3ds Max 软件中，如图 2-3-4 ~ 图 2-3-6 所示。

视频：CAD 导入
3ds Max 步骤

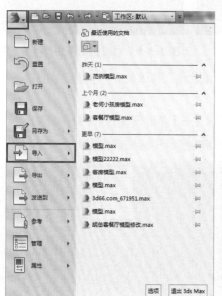

图 2-3-4　单击图标选择导入　　　　图 2-3-5　选择导出的 CAD 图形

将导入 3ds Max 场景的 CAD 图形进行成【组】，组名可按系统随机命名。成组后选择图形，用

移动工具【W】框选图形，将图形 X 轴、Y 轴、Z 轴坐标归零，如图 2-3-7 ~ 图 2-3-9 所示。

图 2-3-6　导入 CAD 图形

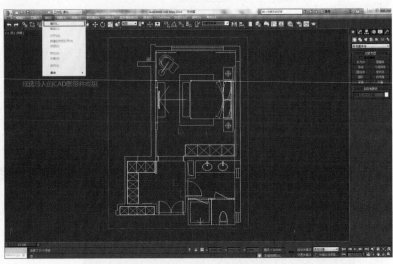

图 2-3-7　菜单栏选择【组】

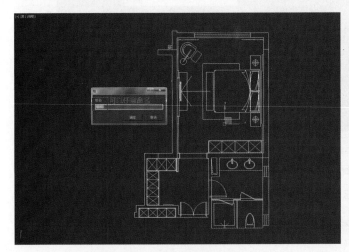

图 2-3-8　成组可任意命名

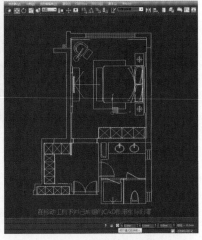

图 2-3-9　对成组图形进行坐标归零

把归零的图形冻结，以便建模时不会被选择，从而影响建模。具体做法：框选归零图形，右击选择【冻结当前选择】，如图 2-3-10 所示。

开始建模前检查 3ds Max 软件单位设置，执行【自定义】—【单位设置】—【显示单位比例】—【系统单位设置】命令，单位均改为毫米，如图 2-3-11 所示。

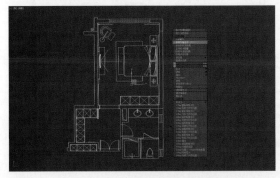

图 2-3-10　坐标归零图形进行冻结

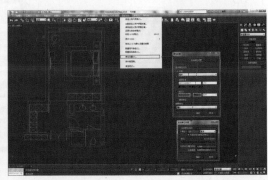

图 2-3-11　检查 3ds Max 软件单位设置

用 Ctrl+ 右键调出常用工具，选择【线】，打开捕捉开关【S】，捕捉点只选择【顶点】。将【捕捉到冻结对象】【启用轴约束】【显示橡皮筋】打钩，以辅助捕捉图形，如图 2-3-12、图 2-3-13 所示。

视频：墙体建模

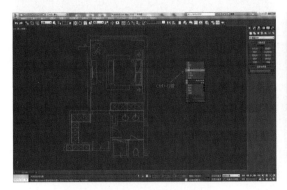

图 2-3-12　Ctrl+ 右键快捷工具

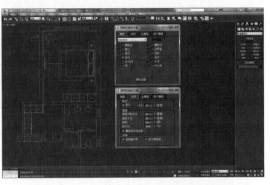

图 2-3-13　捕捉点设置及捕捉选项设置

开始建模，用【线】从主卧门洞处开始沿内墙捕捉，捕捉至起点时选择【闭合样条线】，如图 2-3-14 所示。

注意：捕捉门洞、窗口时需要停顿，并把相关联的空间全部捕捉出来。

捕捉完成后，对捕捉的样条线进行【挤出】，【挤出】数量为 3 000 mm。对挤出的物体进行【法线】，使物体的内外法线进行翻转。为了更直观地看到物体内部，可以让物体背对视角的面进行【背面消隐】：选择物体，右击选择【对象属性】—【背面消隐】。操作步骤如图 2-3-15~ 图 2-3-17 所示。背面消隐效果如图 2-3-18 所示。

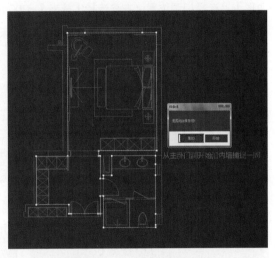

图 2-3-14　捕捉内墙一周

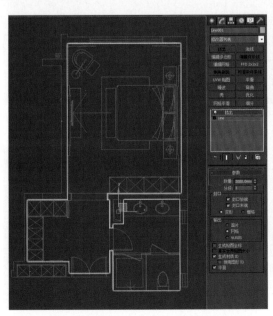

图 2-3-15　【挤出】空间高度

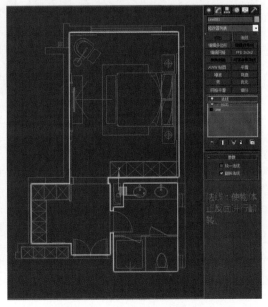

图 2-3-16　将挤出的空间翻转法线

视频：门洞、窗口、
梁位建模

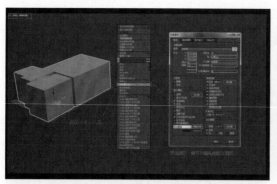

图 2-3-17　背面消隐

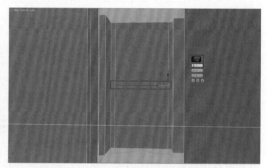

图 2-3-18　背面消隐效果

　　背面消隐后，开始创建主卧空间的门洞和窗口。首先，选中物体，找到主卧门的位置，在【修改命令】面板中执行【编辑多边形】—【边】命令，按 Ctrl 键选中主卧门洞的两条边。右击，选择【连接】1 条边。然后，在软件界面底部 Z 轴位置输入门洞高度 2 100 mm。再用【编辑多边形】—【多边形】，选择门洞位置，右击选择【挤出】-200 mm。操作步骤如图 2-3-19 ~ 图 2-3-24 所示。

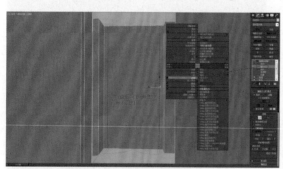

图 2-3-19　选择门洞两条边

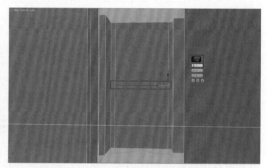

图 2-3-20　连接条边确定门洞高度

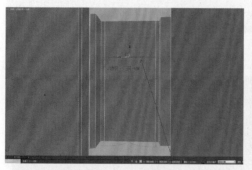

图 2-3-21　【输入】门洞高度 2 100 mm

图 2-3-22　多边形选择门洞位置

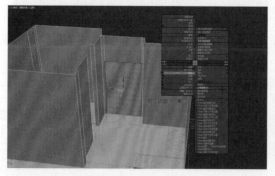

图 2-3-23　挤出门洞

图 2-3-24　【挤出】门洞厚度 -200 mm

创建主卧卫生间门洞：执行【编辑多边形】—【边】命令，分别选择门洞侧面四条边线，右击选择【连接】1条边。分别对连接后得到的2条短边调整Z轴高度2 100 mm。执行【编辑多边形】—【多边形】命令，选择门洞侧面的2个小面，在右侧卷展栏中找到【桥】。此时，卫生间门洞就做好了。操作步骤如图 2-3-25 ~ 图 2-3-29 所示。

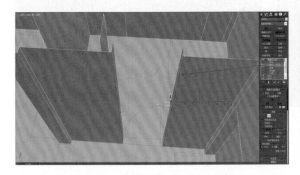

图 2-3-25　选择卫生间门洞 4 条边

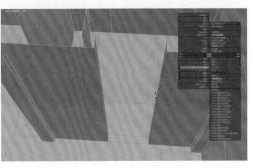

图 2-3-26　连接 1 条边

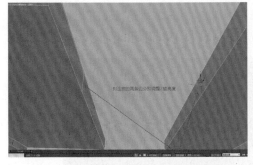

图 2-3-27　调整门洞高度为 2 100 mm

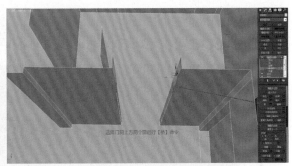

图 2-3-28　选择门洞两个小面进行【桥】命令

创建主卧窗户：执行【编辑多边形】—【边】命令，选择窗口两条边，右击选择【连接】2条横边，设置下缘高度为 500 mm，上缘高度为 2 400 mm。执行【编辑多边形】—【多边形】命令选择窗口位置，右击选择【挤出】-200 mm，最后删除窗口面。操作步骤如图 2-3-30 ~ 图 2-3-32 所示。

图 2-3-29　【桥】命令后得到卫生间门洞

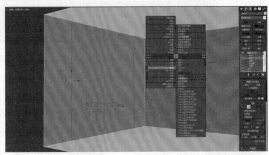

图 2-3-30　创建窗口

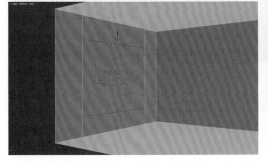

图 2-3-31　设置窗口高度

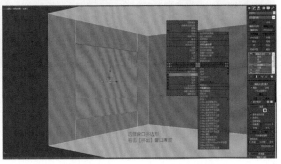

图 2-3-32　【挤出】窗口厚度

最后，根据施工图创建主卧梁位，如图 2-3-33、图 2-3-34 所示。

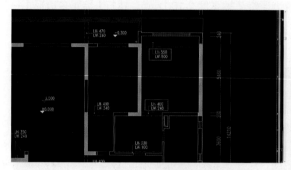

图 2-3-33 查看施工图中标注的梁位

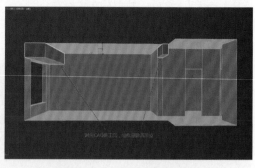

图 2-3-34 创建原建筑梁

任务 2 场景空间天花造型建模

视频：天花建模

根据施工图纸，找到主卧天花施工图。运用精简墙体的方法，将主卧天花精简并重复执行【W】写块—【导入 3ds Max】—【坐标归零】—【冻结选择对象】等命令，如图 2-3-35 ~ 图 2-3-37 所示。

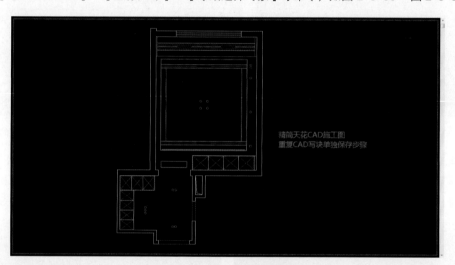

图 2-3-35 精简天花图并导出

图 2-3-36 将天花图导入 3ds Max

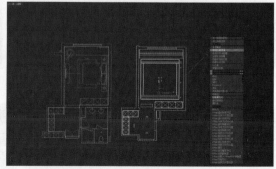

图 2-3-37 归零并冻结图形

将导入的天花图冻结后，先用【线】从主卧门厅处开始【捕捉】，捕捉一周后【闭合样条线】。根据施工图标高，此处天花【挤出】400 mm，且为平顶天花。操作步骤如图 2-3-38、图 2-3-39 所示。

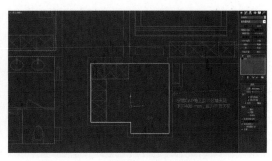

图 2-3-38 捕捉门厅天花　　　　　　　　　图 2-3-39 【挤出】吊顶厚度 400 mm

根据天花布置图可以得知主卧天花为回形 + 平顶天花。因此，可以先制作走边的回形部分，再制作中间的平顶部分。

（1）走边天花制作。先用【矩形】工具【捕捉】主卧天花最外围一周，把【开始新图形】去钩，再用【矩形】工具【捕捉】主卧天花最里面一周。捕捉完成后会发现这两个矩形是一个整体。最后，根据施工图标高，此处天花【挤出】400 mm。操作步骤如图 2-3-40、图 2-3-41 所示。

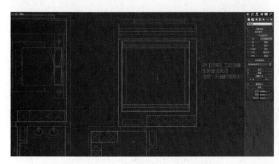

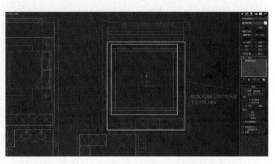

图 2-3-40 【捕捉】回形天花　　　　　　图 2-3-41 【挤出】走边吊顶厚度 400 mm

（2）天花叠级造型制作。根据施工图，回形天花内部还有一处叠级造型。同样用【矩形】工具【捕捉】叠级造型第一圈，把【开始新图形】去钩，再用【矩形】工具【捕捉】叠级造型第二圈。最后【挤出】叠级厚度 380 mm，如图 2-3-42、图 2-3-43 所示。

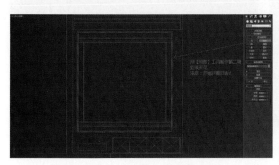

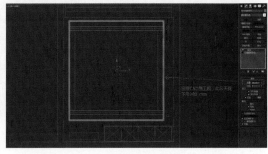

图 2-3-42 【捕捉】叠级造型　　　　　图 2-3-43 【挤出】叠级造型厚度 380 mm

（3）平面灯槽天花造型制作。根据施工图纸，主卧中间天花为平面天花且有两条暗藏灯带。首先，用【矩形】工具捕捉平面天花一周，此处应【挤出】厚度 150 mm，但因此处天花有灯槽，所以先【挤出】50 mm。在立面视图（前视图、左视图）上，将制作的第一层平顶天花沿 Y 轴向上【复制】一层，并将【挤出】的厚度改为 100 mm，然后把两层天花对齐。选择第二层平面天花在顶视图上，用【编辑网格】—【顶点】，将第二层平面天花的八个顶点分别选择（先选上面四个，再选下面四个），再分别把选择的顶点向上或向下移动 100 mm、-100 mm。此时，切换到透视图会发现灯槽已经做好。操作步骤如图 2-3-44 ~ 图 2-3-47 所示。

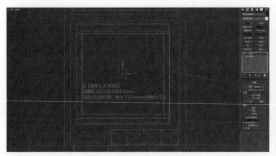

图 2-3-44　捕捉第一层平面天花

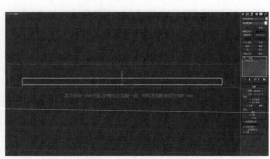

图 2-3-45　制作第二层平面

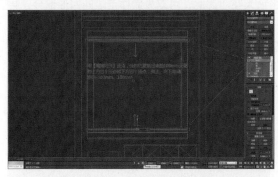

图 2-3-46　制作平面天花灯槽

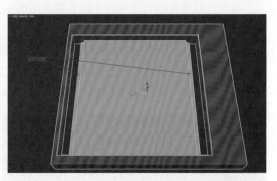

图 2-3-47　平顶天花灯槽效果

（4）灯槽挡光板、天花不锈钢造型制作。根据施工图纸，在灯槽挡光板和平面天花底部，还有不锈钢线条造型。首先，在顶视图上对应挡光板位置，用【矩形】工具【捕捉】一条，对应天花标高【挤出】60 mm。再【复制】一条并调整好挡光板位置，如图 2-3-48、图 2-3-49 所示。同样的方法，可以对应天花平面图制作平面天花不锈钢造型，如图 2-3-50 所示。最后在前视图 / 左视图调整好不锈钢造型位置即可，如图 2-3-51 所示。

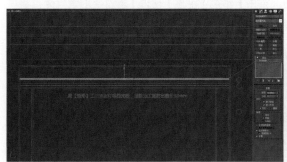

图 2-3-48　捕捉挡光板并挤出

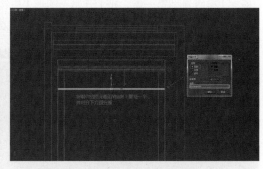

图 2-3-49　复制挡光板并调整位置

图 2-3-50　捕捉平面天花不锈钢并挤出

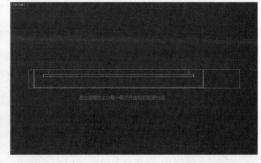

图 2-3-51　调整挡光板、不锈钢造型位置

（5）天花木饰面、木格栅造型制作。根据施工图纸，在窗户顶部为木饰面、木格栅吊顶造型。对应木饰面造型用【矩形】工具开始【捕捉】，【开启新图形】去钩，继续捕捉第二块。捕捉完成后，对木饰面造型进行【挤出】100 mm，如图 2-3-52、图 2-3-53 所示。

图 2-3-52　【捕捉】木饰面造型

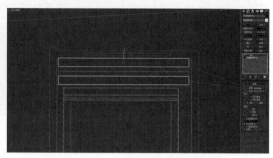

图 2-3-53　【挤出】木饰面造型

两块木饰面中间为木格栅造型，同样的方法，用【矩形】工具开始【捕捉】，【挤出】80 mm。选择创建的木格栅，执行【编辑多边形】—【边】命令选择造型一面的两条短边，【右击】—【连接16 条】—【多边形】间隔选择面—【右击】—【挤出】20 mm。最后将木格栅造型和木饰面造型在立面视图上调整好位置即可，如图 2-3-54 ~ 图 2-3-57 所示。

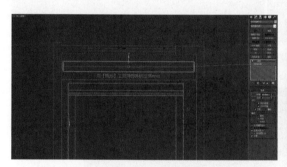

图 2-3-54　【捕捉】木格栅造型并【挤出】

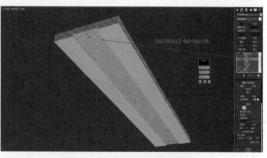

图 2-3-55　连接木格栅条块

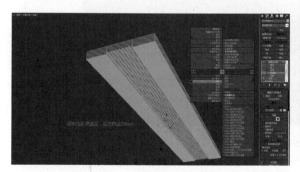

图 2-3-56　间隔选择木格栅

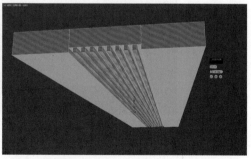

图 2-3-57　【挤出】木格栅

（6）天花磁吸灯造型制作。根据施工图纸，主卧天花为无主灯设计，床头天花和床尾天花各有一条磁吸轨道灯。在顶视图上，用【矩形】工具沿磁吸轨道的位置【捕捉】两条，然后在【修改】面板选择【挤出】命令，【挤出】40 mm，如图 2-3-58 所示。

切换到前视图 / 左视图，将挤出的磁吸轨道底部与平面天花不锈钢线条底部齐平，如图 2-3-59 所示。在透视图上，选择平面天花第一级，在创建面板中切换为【复合对象】，执行【复合对象】—【布尔 /ProBoolean】—【开始拾取】命令，选择创建的磁吸轨道。此时，平面天花第一级上则会出现两条凹槽，如图 2-3-60 所示，主卧天花模型完成后的效果如图 2-3-61 所示。

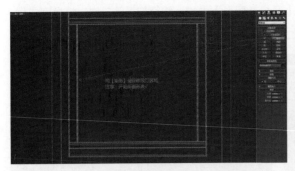

图 2-3-58　【捕捉】磁吸轨道并【挤出】

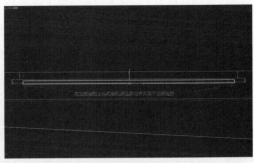

图 2-3-59　调整磁吸轨道位置

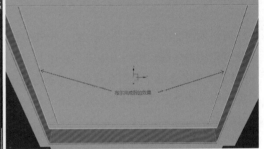

图 2-3-60　对磁吸轨道进行布尔运算

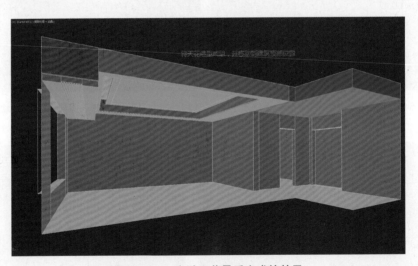

图 2-3-61　主卧天花最后完成的效果

任务 3　场景空间立面造型建模

打开施工图，将主卧床头背景立面图、主卧电视背景立面图精简并【W】写块导出，如图 2-3-62 所示。

打开 3ds Max 软件，将精简后的主卧床头背景立面图、主卧电视背景立面图导入，重复建模前的工作（执行【导入】—【成组】—【归零】—【冻结】命令），如图 2-3-63 所示。

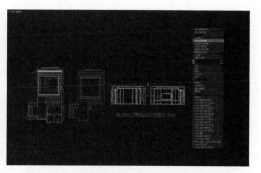

图 2-3-62　精简并导出主卧立面图　　　　　图 2-3-63　将立面图导入 3ds Max 并做好
建模前期步骤

　　床头背景造型制作。对应主卧床头背景立面施工图，主卧床头背景墙主要由硬包、木饰面板、岩板、不锈钢线条等材质组成。

　　首先制作床头不锈钢线条造型。用【线】沿造型【捕捉】一周【闭合样条线】后，【挤出】80 mm，如图 2-3-64 所示。然后将竖向的不锈钢收口线条用【矩形】工具【捕捉】并【挤出】80 mm。创建好一根后，沿 X 轴横向【复制】5 条，并根据施工图宽度调整尺寸，如图 2-3-65、图 2-3-66 所示。

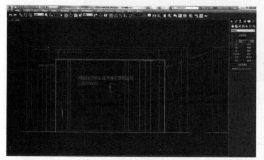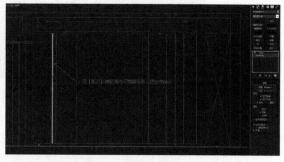

图 2-3-64　制作床头不锈钢收口框　　　　　图 2-3-65　制作竖向不锈钢收口线条

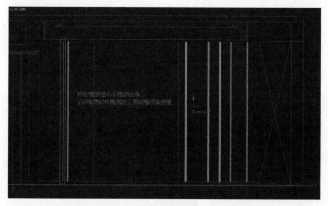

图 2-3-66　复制不锈钢线条并调整宽度

　　接下来开始制作床头背景硬包造型。用【矩形】工具【捕捉】背景墙最左边硬包造型，【挤出】65 mm，如图 2-3-67 所示。然后，执行【编辑多边形】—【边】命令，选择硬包正面的四条边，右击【切角】，设置切角量为 3 mm，分段为 1，如图 2-3-68 所示。此时，再将做好的第一块硬包【复制】到右边同属硬包的造型上，如图 2-3-69 所示。

视频：床头背景建模

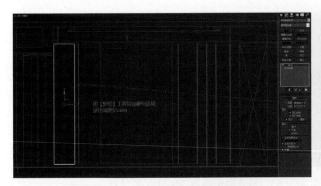

图 2-3-67　【捕捉】硬包并【挤出】

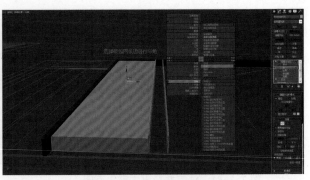

图 2-3-68　制作硬包斜边

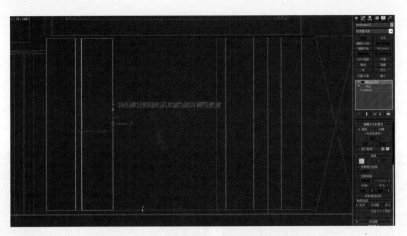

图 2-3-69　复制第一块硬包并调整宽度

根据施工图，床头背景中间条状造型为条形硬包。制作步骤如下：

对应位置用【平面】创建一个长度分段 1、宽度分段 60 的平面。如图 2-3-70 所示，然后执行【编辑多边形】—【多边形】—Ctrl+A 全选面，右击【挤出】（挤出类型为按多边形挤出），高度为 15 mm、轮廓为 -3 mm。如图 2-3-71、图 2-3-72 所示，条形硬包已经创建出来，但边角太生硬。在全选面的基础上按 Ctrl+ 边图标，可以快速选择条形硬包正面的所有边线。然后右击【切角】，切角量为 5 mm，分段为 15，如图 2-3-73、图 2-3-74 所示。此时，条形硬包已经做好。最后将条形硬包在前视图调整好位置，如图 2-3-75 所示。

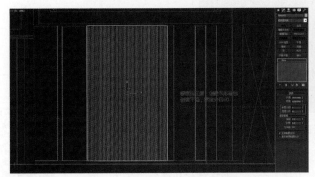

图 2-3-70　创建平面设置分段

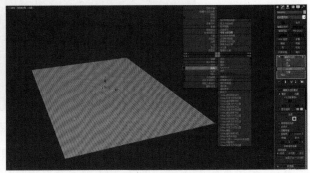

图 2-3-71　对平面进行倒角

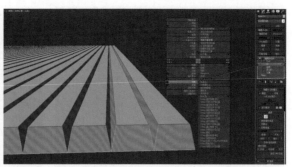

图 2-3-72 平面倒角数值   图 2-3-73 对条形硬包边角进行切角

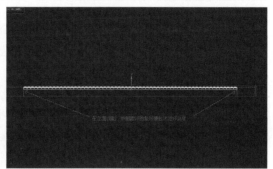

图 2-3-74 条形硬包边角切角数值   图 2-3-75 对条形硬包调整位置

硬包创建完成后，接下来是创建床头背景木饰面造型和岩板造型。操作步骤如下：

用【矩形】工具对木饰面、岩板造型【捕捉】，捕捉完成后（同一材质可以把【开启新图形】去钩）【挤出】65 mm，如图 2-3-76、图 2-3-77 所示。

木饰面中间还嵌有一块木格栅，与天花木格栅作法一致，可以参考天花木格栅建模方法。

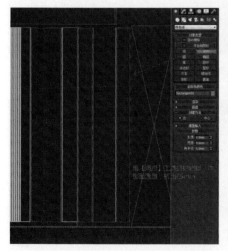
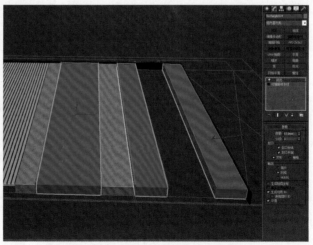

图 2-3-76 【捕捉】木饰面、岩板造型   图 2-3-77 【挤出】木饰面、岩板厚度

接下来创建床头背景踢脚线。对应立面踢脚线造型用【矩形】工具【捕捉】并【挤出】80 mm，如图 2-3-78 所示。至此，床头背景造型全部做完，如图 2-3-79 所示。

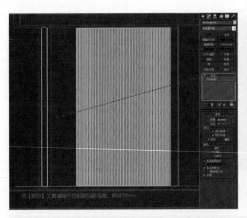
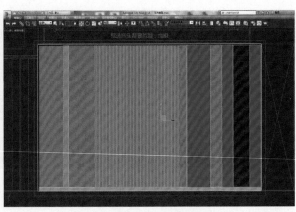

图 2-3-78　【捕捉】踢脚线并【挤出】厚度　　　　　　图 2-3-79　床头背景造型

视频：电视背景建模

接下来创建电视背景造型：按照床头背景建模方法，可以创建出电视背景墙造型，如图 2-3-80 所示。

主卧电视背景墙中间电视框是凹进造型，因此需要制作此处造型。操作步骤如下：

对应施工图，用【矩形】工具【捕捉】电视框，【挤出】300 mm，如图 2-3-81 所示。将挤出的电视框造型在前视图中放置电视背景墙中间位置，并执行【布尔】命令，如图 2-3-82 所示。布尔运算结束后，电视框变成空洞，对应施工图，电视框四周为不锈钢造型收口。再用【矩形工具】（不勾选【开始新图形】）进行【捕捉】，并【挤出】80 mm。最后得到的造型如图 2-3-83 所示。

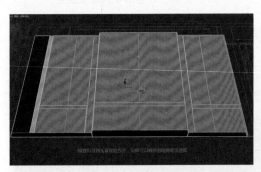
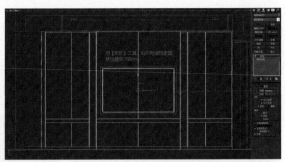

图 2-3-80　主卧电视背景造型　　　　　　图 2-3-81　捕捉电视框造型并挤出

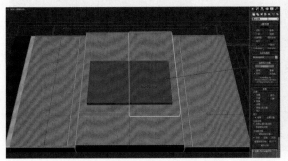

图 2-3-82　将电视框进行布尔运算　　　　　　图 2-3-83　主卧电视背景墙最终造型

最后，将制作完成的床头背景造型和电视背景造型通过【旋转】【移动】等操作移至对应的立面上，如图 2-3-84 所示。

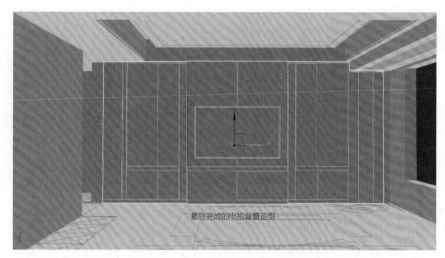

图 2-3-84　　主卧电视背景墙建模效果

3.3　导入软装模型、场景材质设置

将硬装造型根据施工图完成建模后，开始对场景进行软装模型的导入和场景材质的调试。

任务 1　场景材质设置

1.【木饰面】

漫反射：贴图；反射：70 左右，反光 0.9，【菲涅耳反射】打钩，如图 2-3-85 所示。

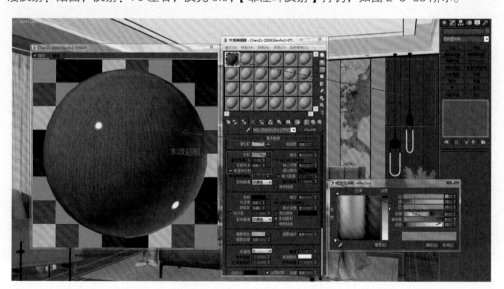

视频：材质赋予

图 2-3-85　　【木饰面】材质

2.【纯色硬包】

漫反射：贴图；反射：230 左右，反光 0.8，【菲涅耳反射】打钩，如图 2-3-86 所示。

图 2-3-86 【纯色硬包】材质

3.【木地板】

漫反射：贴图。反射：160 左右，反光设置为 0.75，【菲涅耳反射】打钩，菲涅尔折射率设置为 1.8；凹凸贴图使用漫反射贴图，如图 2-3-87 所示。

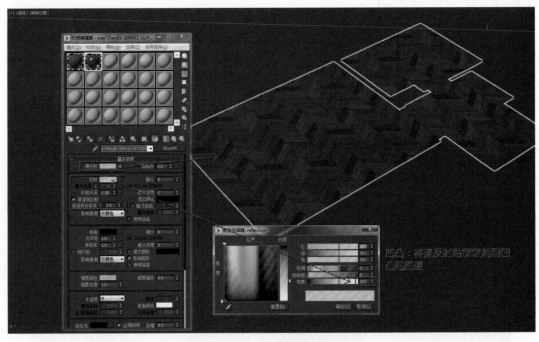

图 2-3-87 【木地板】材质

4.【岩板】

漫反射：贴图。反射：衰减，衰减类型为 Fresnel，高光设置为 0.9，反光设置为 1.0，【菲涅耳反射】去钩，如图 2-3-88 所示。

图 2-3-88　【岩板】材质

5.【黑钛亚光不锈钢】

漫反射：亮度 5 左右。反射：R117、G117、B124，反光设置为 0.8,【菲涅耳反射】打钩，如图 2-3-89 所示。

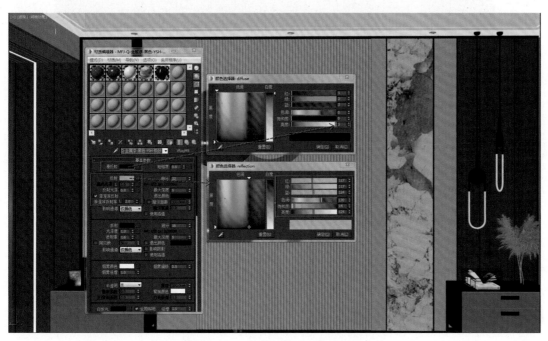

图 2-3-89　【黑钛亚光不锈钢】材质

6.【墙面乳胶漆】

漫反射：R97，G89，B86，如图 2-3-90 所示。

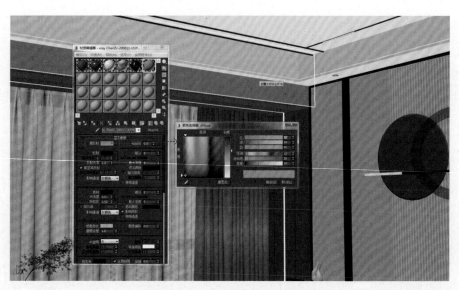

图 2-3-90　【墙面乳胶漆】材质

任务 2　导入软装模型

导入的软装模型根据硬装材质进行色彩搭配调整，如图 2-3-91 所示。

图 2-3-91　导入软装模型并调整材质搭配

3.4　创建摄影机

将软装模型导入完成后，为了方便观察模型，在主卧顶视图空间中创建一个摄影机。在【创建】面板中执行【摄影机】—【目标】命令，选择合适的角度创建一个相机。设置相机镜头为 20 mm，相机高度为 1 200 mm，最后调整镜头位置，如图 2-3-92、图 2-3-93 所示。

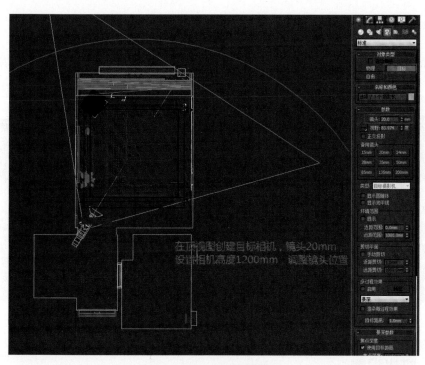

图 2-3-92　设置场景相机

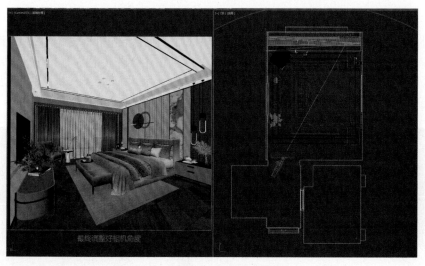

图 2-3-93　最终调整相机角度

3.5　场景灯光、渲染输出设置

　　将软装模型搭配并导入场景空间后，就可以开始布置灯光和渲染测试。场景灯光的设置以模拟现实光源、塑造场景造型、表现设计意图为主要目的。在布置灯光时要做到：①尽可能地模拟现实中的自然光源、人造光源，以达到比较真实的效果；②不要过多地布置灯光。在布光时，遵守"在有灯的地方布光"的原则，把控好每一盏灯的照度、色温、光照效果等。

任务 1　测试渲染参数设置

在布置灯光之前，将渲染参数设置好，以便后续测试布置的灯光效果。【测试图渲染参数】具体设置如图 2-3-94 所示。

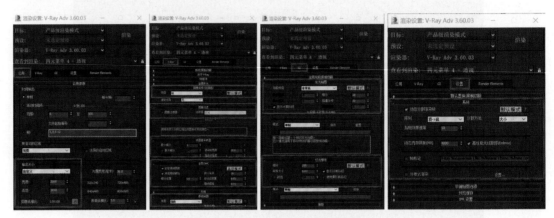

图 2-3-94　测试图渲染参数设置

任务 2　灯光设置

1.【天花灯带光源】

将主卧天花模型 Alt+Q 孤立显示（按组合键 Alt+Q），找到天花灯槽位置，在顶视图上对应灯槽位置创建【VRay 平面灯光】，灯光参数：【类型】—平面；【倍增】—6.5 倍；【模式】—颜色（灯带光可以偏暖黄，具体数值参考截图）；【选项】—投射阴影、不可见、影响漫反射、影响高光、影响反射打钩，如图 2-3-95 所示。

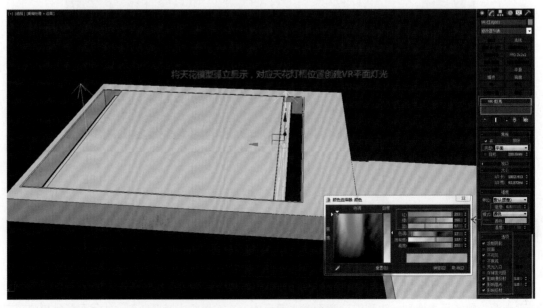

图 2-3-95　天花灯带光参数

2.【室内外补光】

布置好灯带光源后，在窗口位置再布置室外、室内补光，以模拟自然光源。

（1）【室外补光—材质光】——将窗户模型孤立显示（按组合键 Alt+Q），在前视图或左视图上，对准窗口创建【VRay 平面灯光】，再将灯光移至窗口外，灯光方向朝向室内，灯光参数：【类型】—平面；【倍增】—16 倍；【模式】—颜色（室外补光可以偏蓝白色，具体数值参考截图）；【选项】—投射阴影、不可见、影响高光打钩。

（2）【室外补光】——在顶视图上，将创建的材质光【复制】一个，放置在材质光前面，灯光方向朝向室内，灯光参数：【类型】—平面；【倍增】—8 倍；【模式】—颜色（室外补光可以偏冷白色，具体数值参考截图）；【选项】—投射阴影、不可见、影响漫反射、影响高光打钩，如图 2-3-96、图 2-3-97 所示。

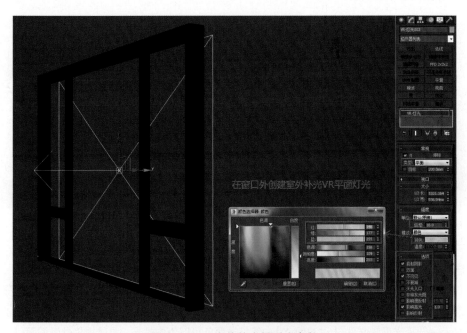

图 2-3-96　室外补光材质光参数

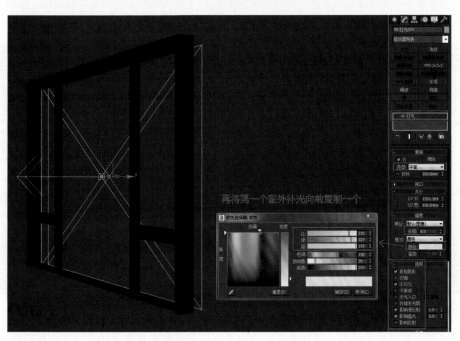

图 2-3-97　室外补光参数

　　布置好灯带光源、室外补光后，可以进行渲染测试，测试所布置的灯光是否达到要求。按组合键 Shift+Q 可以进行渲染测试，如图 2-3-98 所示。

　　通过渲染测试可以发现灯带光、室外补光已经可以使整个场景基本亮起来并可以看清楚室内物品。但是，室内光线整体还是偏暗，这就需要在室内窗口处布置一个室内补光。

　　（3）【室内窗口补光】。将室外补光向室内【复制】一个，然后用【缩放】工具进行缩小。调整灯光参数：【类型】—平面；【倍增】—4 倍；【模式】—颜色（室外补光可以偏白色，具体数值参考截图）；【选项】—投射阴影、不可见、影响漫反射、影响高光打钩；再进行渲染测试，如图 2-3-99、图 2-3-100 所示。

图 2-3-98　灯带光、室外补光
　　　　　　渲染测试效果

图 2-3-99　室内窗口补光参数

　　创建完天花灯带光、室内外窗口补光后接下来布置筒灯光源。

　　（4）【筒灯光源】。在立面视图上创建【目标灯光】—【光度学灯光】，拉出光源与目标长度。灯光参数：【灯光属性】—启用打钩；【阴影】—启用打钩，阴影类型【VR- 阴影】；【灯光分布类型】—光度学 Web—选择光度学文件；【过滤颜色】—筒灯光颜色可以为中性光，具体数值参考截图；【强度】—根据不同的光度学文件强度跟随变化，范例强度参考截图；【高级效果】—高光反射去钩。创建好一个筒灯光源后，在顶视图上，对应天花布置图中的灯光布置分布筒灯光源，如图 2-3-101、图 2-3-102 所示。

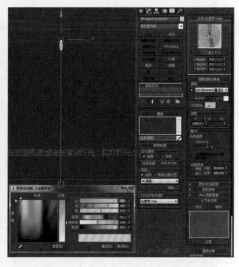

图 2-3-100　室内窗口补光渲染参数效果

图 2-3-101　室内筒灯光源参数

　　注意：在布置筒灯光源时，需注意筒灯强度变化，如主要表现背景光源，可以稍微强一些，次背景光源、远处光源可以稍弱一些。

　　创建完筒灯光源后，进行渲染测试，并根据测试效果进行最终的灯光调试，如图 2-3-103 所示。

图 2-3-102　室内筒灯光源按筒灯位置进行布光　　　　图 2-3-103　室内筒灯光源渲染测试效果

任务 3　出图渲染

　　灯光布置完成并提供渲染测试后，最后的测试图效果已基本达到渲染成品的效果。接下来进行成品图渲染参数设置，如图 2-3-104 所示。

图 2-3-104　成品图渲染参数设置

　　在完成成品图渲染参数设置后，进行成品图渲染。最终渲染效果如图 2-3-105 所示。

图 2-3-105　最终成品图渲染测试效果

3.6　PS 后期处理

在渲染出图后，需要导入 Photoshop 对效果图画面的基调、亮度、色彩饱和度、明暗对比等进行调整，使画面表现出较好的色感和层次感；同时可以添加各种配景使画面显得更为生动；进行适当的光影效果处理，使整个画面呈现出较好的艺术效果，从而提升效果图的整体质量，如图 3-106 所示。

图 3-106　最终后期处理的成品图效果

项目小结

　　本情境主要对"1+X"数字创意建模职业技能等级证书进行了介绍，包括对数字创意建模职业技能等级标准考核指导方案以及考试大纲的介绍。在此基础上选择了"1+X"数字创意建模职业技能等级证书的实操题作为范例进行制作过程的全面讲解。通过本情景学习，拓展、补充、强化职业技能水平，将"课证融通"贯穿其中，加强学生"创意"与"建模"的应用能力。

职业素养提升

　　本项目培养学生灵活运用软件，独立完成设计作品，具备企业岗位人员工作能力。培养学生的实践、自我学习、问题解决的能力。培养学生精益求精的工匠精神、严谨求实的科学态度、勇于开拓的创新意识，大力弘扬劳动精神，引领学生逐步形成正确的世界观、人生观和价值观，自觉践行社会主义核心价值观，成为德、智、体、美、劳全面发展的高素质技术技能人才。

简欧轻奢全景欣赏

现代轻奢全景欣赏

新中式全景欣赏

参考文献 REFERENCES ·································· ◉

［1］刘涛，符繁荣 . 3ds Max/VRay 照片级室内空间效果图表现 [M]. 南京：南京大学出版社，2015.

［2］刘新乐，付海娟 . 3ds Max 室内环境效果图表现 [M]. 北京：北京理工大学出版社，2023.

［3］时代印象 . 中文版 3ds Max2016 实用教程 [M]. 北京：人民邮电出版社，2018.

［4］Autodesk 3ds Max 学习中心，https://help.autodesk.com/view/3DSMAX/2023/CHS/.

［5］Autodesk 3ds Max 帮助，https://help.autodesk.com/view/3DSMAX/2016/CHS/.

［6］https://baike.baidu.com/item/vray/894350.

［7］https://www.jianshu.com/p/0d85ee6d59a1.

［8］知末网，https://www.znzmo.com/

［9］3D 溜溜网，https://www.3d66.com/